AF247084

MINISTÈRE DE L'AGRICULTURE, DU COMMERCE, DE L'INDUSTRIE ET DES DOMAINES

SERVICE DES FORÊTS

NOTICES

SUR

LES FORÊTS

DU

ROYAUME DE ROUMANIE

BUCAREST

Institut d'arts graphiques „EMINESCU", Boulevard Élisabeth, 6

1900.

MINISTÈRE DE L'AGRICULTURE, DU COMMERCE, DE L'INDUSTRIE ET DES DOMAINES

SERVICE DES FORÊTS

NOTICES

SUR

LES FORÊTS

DU

ROYAUME DE ROUMANIE

BUCAREST

6, Boulevard Élisabeth.   IMPRIMERIE „DREPTATEA".   Boulevard Élisabeth, 6

1 9 0 0.

NOTICES

LES FORÊTS DU ROYAUME DE ROUMANIE

INTRODUCTION

La participation officielle de la Roumanie à l'Exposition universelle de Paris de 1900 ayant été décidée en 1897, il était naturel que les différents services de l'État fissent leurs efforts, en tenant compte des matériaux dont ils disposaient, pour y être représentés de la façon la plus digne.

La commission forestière chargée de l'élaboration du programme des travaux et de leur exécution fut instituée par décision de Son Excellence M^r le Ministre de l'Agriculture, de l'Industrie, du Commerce et des Domaines en date du 17 Avril 1898. Elle commença ses travaux au mois de Mai 1898.

Le but des travaux n'a pas été de représenter simplement les forêts du royaume par des troncs d'arbres et des bois façonnés : le service forestier de l'État s'est principalement appliqué à montrer par des publications le degré de développement qu'il a atteint.

C'est dans ce sens qu'on a cherché à représenter graphiquement d'après des renseignements statistiques :

1) les forêts du pays par catégorie de propriétaires : État, Établissements publics, Communes, Églises, Domaine de la Couronne, particuliers ;

2) les forêts par catégorie d'essences : résineux purs ou pré-
dominants ; hêtre pur ou en mélange avec les résineux ; essences
mélangées (hêtre, chêne, charme, orme, etc.): chêne pur ou prédominant ; bois blancs (peuplier, saule, etc.) ; robinier, ou faux
acacia.

On a donc été conduit à dresser deux cartes forestières du
pays à l'échelle de $^1/_{200.000}$ et l'on s'est servi, à cet effet, pour deux
tiers du pays[1]) de la carte de l'État-Major roumain ; pour le
reste (de Ploeşti à Turnu-Severin) on s'est servi de la carte
dressée en 1859 par l'État-Major Autrichien, carte qu'on a mise
au courant des changements survenus depuis.

On a cherché à établir ensuite toutes les relations utiles
existant entre les différents résultats obtenus et à les mettre en
relief par une série de tableaux statistiques concernant les quatre
catégories de propriétaires.

On a obtenu de cette façon, pour chaque département : des
relations entre la surface totale du département et le chiffre de
la population ; entre la surface des forêts de toute nature et la
population ; entre la surface totale du département et celle des
forêts de toute nature ; entre la surface des forêts soumises au
régime forestier et celle de la propriété forestière entière, etc.

Puis, par des cartes-diagrammes, introduites dans le texte,
on a cherché à rendre ces résultats concrets et plus facilement
visibles.

L'exécution de ce travail n'a pas été sans de nombreuses
difficultés, parmi lesquelles il faut citer en premier lieu le manque de cadastre du pays, ainsi que le manque de plans pour la
plupart des forêts. Ce manque de plans a demandé, — principalement pour la propriété forestière particulière, — de fréquentes
descentes sur les lieux de la part des agents forestiers de l'État,
sans que l'on ait pu prétendre toutefois à des résultats d'une
exactitude rigoureuse.

Nous ne pourrons obtenir de tels résultats que lorsque notre
pays sera doté du cadastre.

Enfin, par des photographies (intercalées dans le texte) on
a cherché à faire voir l'état dans lequel se trouve le domaine

---

1. Pour $^1/_3$ du pays la carte de l'État-Major roumain n'est pas encore éditée.

forestier du pays, considéré presque à tous les points de vue : massifs, constructions forestières, moyens de transport, pépinières, plantations, etc.

Pour pouvoir faire un exposé rationnel de la matière, on a divisé ces notices en deux parties, savoir :

Ire Partie. — Considérations générales sur l'administration des forêts dans les différentes catégories de propriétaires. — Organisation du corps forestier de l'État. — Législation forestière.

IIème Partie. — De la nomenclature des essences forestières et de leur association dans la formation des massifs. — Statistique forestière proprement dite. — Description sommaire des aménagements et de l'exploitation des forêts soumises au régime forestier. — Pépinières, plantations, moyens de transport.

I·ère PARTIE

CHAPITRE I

ADMINISTRATION FORESTIÈRE

Le royaume de Roumanie est situé entre 20°.5′ et 27°.20′ de longitude Est et entre 43°.38′ et 48°.25′ de latitude Nord, et il fait partie de la grande région de l'Europe orientale.

L'étendue de son territoire est de 131.357$^{k.m.}$ carrés.

Sa population en 1898 était de 5.690.880 habitants.

Le domaine forestier se répartit de la façon suivante :

État (forêt et vides) [1] · · 1.085.033 hectares;
Établissements publics · · 125.986   ,,
Domaine de la Couronne · 70.188   ,,
Particuliers · · · · · · · 1.492.841   ,,

L'État est donc aujourd'hui le plus grand propriétaire de forêts : il posède 39% de la surface totale boisée du pays.

Pour l'administration et l'exploitation de ce vaste domaine, l'État a créé un corps forestier.

Il est utile de faire voir brièvement quel a été le développement successif de ce corps qui a aujourd'hui quarante ans d'existence.

La sécularisation des biens de l'Église, faite en vertu du décret de 1859 et d'autres lois postérieures, rendit l'État propriétaire d'un vaste domaine forestier, qui est, à peu de chose près, celui d'aujourd'hui, et dès

---

1. On peut compter 16% de vides.

lors la création d'un corps spécial de forestiers s'imposait tout naturellement.

Les premiers vestiges de cette création se retrouvent dans la loi du 10 Mars 1860 par laquelle fut instituée la *Direction des Forêts* attachée au Ministère de l'Instruction publique et des Cultes avec le personnel suivant :

A *l'administration centrale :* un Directeur des forêts, un Chef de cabinet sous ses ordres immédiats et 5 rédacteurs et commis.

Dans *le service extérieur :* 7 chefs de cantonnement pour la Valachie et 6 pour la Moldavie.

En 1865, „l'Administration des forêts" passe au Ministère des finances et son personnel est ainsi composé: Un chef de section et deux chefs de bureau pour le service central; onze „sylviculteurs chefs" et six adjoints pour le service extérieur.

Ce personnel était totalement insuffisant pour un domaine forestier aussi vaste, et son augmentation progressive s'imposait.

En 1875—76, lorsque les exploitations forestières eurent pris une plus grande extension, en vue d'augmenter les revenus de l'État, le corps forestier se composait de : 4 Inspecteurs ; 10 Sylviculteurs chefs de circonscription ; 30 Gardes généraux, chefs de cantonnement ;

Au total : 44 agents.

En 1884 le Ministère de l'Agriculture, de l'Industrie, du Commerce et des Domaines fut créé et dans le premier budget de ce Ministère, auquel fut attachée l'Administration des forêts, le personnel forestier est composé de 89 agents.

Enfin, en 1899—900 les cadres du corps forestier de l'État sont composés et rétribués de la manière suivante :

Nombre	Grade	Rétribution mensuelle			Diurne	Frais de tournée	Observations
		Cl. I	Cl. II	Cl. III			
1	Inspecteur forestier directeur .	700	—	—	200	—	Les inspecteurs du service extérieur reçoivent 200 fr. de frais de tournée par mois.
3	Inspecteurs forestiers	700	—	—	—	—	Les sous-inspecteurs 180 fr.
2	„ „	—	600	—	—	—	Les gardes généraux 90 fr.
4	„ „	—	—	500	—	—	Une partie des gardes généraux est logée dans des maisons forestières appartenant à l'État.
6	Sous-inspecteurs forestiers . .	400	—	—	—	—	Il n'est pourtant accordé aucune indemnité de logement à ceux qui n'habitent pas les maisons forestières.
8	„ „ . .	—	350	—	—	—	
17	„ „ . .	—	—	300	—	—	
44	Gardes généraux	250	—	—	—	—	
67	„ „	—	200	—	—	—	
4	Gardes adjoints	—	—	—	100	50	

156 agents supérieurs.

Le personnel inférieur est composé de brigadiers et gardes, qui ont comme rétribution une simple indemnité et n'ont par suite aucun droit à la pension de retraite.

Brigadiers :

 20 brigadiers de I-ère classe à 1000 francs par an
 35   »   » II-e » » 800 » » »
 68   »   » III-e » » 600 » » »
Total : 123 brigadiers.

Sur ce nombre, 99 sont attachés aux cantonnements ou aux pépinières et 24 sont détachés dans les bureaux des „Inspections forestières" comme commis.

Gardes :

 2 gardes hors-classe   à 360 francs par an
 68 » de I-ère classe » 300 » » »
 2 » hors-classe   » 250 » » »
 232 » de II-e classe » 240 » » »
 2077 » de III-e » » 200 » » »
 2 » hors-classe   » 140 » » »
 51 Gardes-limites   » 100 » » »

Outre leur indemnité, les brigadiers et gardes ont droit à la jouissance gratuite de 3 hectares de terrain de culture dans les clairières des forêts et à 2 décastères de bois de chauffage par an.

Une partie de ce personnel loge dans les maisons forestières de l'État.

Il ressort donc de ce qui a été dit plus haut que, pour 6950 hectares de forêt, nous avons 1 agent supérieur, et pour 425 hectares, un agent inférieur.

Actuellement, la loi qui régit la position des agents forestiers, est encore celle de 1875, qui régissait l'ancienne Administration des Domaines. Cette loi est presque complètement tombée en désuétude,—excepté en ce qui concerne le traitement du personnel, — car elle a été modifiée par la loi de 1883 pour la création et l'organisation du Ministère de l'Agriculture, de l'Industrie, du Commerce et des Domaines.

Toutes les augmentations de personnel ont été faites au fur et à mesure des besoins du service par voie budgétaire; quant aux attributions et à l'organisation extérieure de ce corps, elles ont été fixées par différentes décisions ministérielles.

Aujourd'hui le service forestier se compose *d'un service central* et *d'un service extérieur.*

Le service central, qui fonctionne en vertu de la loi de l'organisation du ministère de l'agriculture, de l'industrie, du commerce et des domaines de 1883, constitue une section dépendant de la direction générale des domaines de l'État.

Cette section a pour chef un inspecteur des forêts et elle est formée de 4 bureaux :

1) Bureau du personnel et des délits forestiers ;

2) „ des exploitations et des ventes :

3) „ des aménagements, pépinières, plantations, reboisements et constructions forestières :

4) Bureau de produits accessoires: bois mort, pâturage, prairies, etc.

Chaque bureau est dirigé par un inspecteur ou sous-inspecteur, ayant sons ses ordres un plus ou moins grand nombre d'adjoints, selon les nécessités ; ces adjoints ont le grade de gardes généraux.

Il y a encore, dans le service central, 3 inspecteurs généraux de contrôle, qui sont en même temps membres du conseil technique des forêts.

Au total, le service central a un personnel de direction et de contrôle composé de 20 agents forestiers de grades différents, auxquels s'ajoutent encore 11 commis (archivistes, expéditionnaires).

Le service extérieur fonctionne en vertu de la décision ministérielle du 20 Mars 1896 par laquelle le pays est divisé en *inspections forestières* qui se partagent toutes les forêts de l'État.

L'Inspection est dirigée par un inspecteur, ou, à son défaut, par un sous-inspecteur de 1-ère classe.

Chaque inspection comprend 10—17 cantonnements (ocol) administrés chacun par un garde général, ou exceptionnellement par un sous-inspecteur de 3-e classe.

Il y a dans tout le pays 96 cantonnements forestiers.

A chaque inspection sont attachés 2 ou 3 sous-inspecteurs, un garde général sédentaire et plusieurs brigadiers-commis.

L'inspecteur a la direction et le contrôle de tous les travaux forestiers et de tout le personnel de son inspection; il correspond directement avec le ministère.

Les sous-inspecteurs sont des agents d'exécution : assités des gardes généraux, ils font les travaux de mise en exploitation, les récolements, aménagements, reboisements.

Les gardes généraux sont chargés de l'administration des forêts de leur cantonnement. Ils correspondent seulement avec l'inspection, les autorités administratives et celles des finances du département où se trouve leur cantonnement.

Nous avons donc aujourd'hui comme divisions : le ministère, l'inspection et l'ocol (cantonnement).

Son Excellence, Monsieur N. Fleva, le ministre actuel de l'Agriculture, de l'Industrie, du Commerce et des Domaines, sous les auspices duquel se sont exécutés les travaux dont on rend compte ici, a déposé sur le bureau de la Chambre, au mois de Décembre 1899, un projet de loi pour l'organisation du ministère.

Ce projet prévoit à l'administration centrale plusieurs Directions parmi lesquelles la direction des domaines de l'État.

Cette direction comprendra les forêts, les eaux, les domaines agricoles, les mines, les eaux minérales, et, à l'extérieur, 4 grandes administrations domaniales, dirigées par un inspecteur forestier,— ou par un ingénieur de grade supérieur du corps technique du Ministère des travaux publics, — assisté des sous-inspecteurs forestiers et des ingénieurs pour la direction, l'exécution et le contrôle. Chaque administration sera divisée en un nombre déterminé de cantonnements domaniaux, dont les chefs auront des attributions générales pour tout ce qui concerne les biens de l'État.

On espère mettre cette loi en application à partir du 1-er Avril 1900.

Il est nécessaire, pour terminer, de montrer quelles sont les conditions d'admissibilité dans le corps forestier de l'État.

Le personnel supérieur a été recruté et se recrute encore parmi les anciens élèves roumains ou naturalisés, ayant obtenu le diplôme d'une école spéciale de sylviculture du pays ou de l'étranger.

Quant au personnel inférieur : les brigadiers se recrutent parmi les élèves de l'école de brigadiers, attachée à l'école de sylviculture de Brăneşti. Pour être admis à cette école de brigadiers, les candidats doivent passer un concours et justifier du grade de sous-officier dans l'armée roumaine.

Les gardes sont recrutés parmi les anciens soldats ou les paysans qui pour la plupart ne savent ni lire ni écrire.

On a vu jusqu'ici comment l'État administre ses forêts et quel est le personnel dont il dispose. Voyons ce qui se passe chez les autres propriétaires forestiers.

Parmi les établissements publics, il n'y a que l'administration des hôpitaux civils de Bucarest, l'administration des hôpitaux de S. Spiridon de Iassy, et l'Église Madona Dudu de Craiova qui ont des sylviculteurs pour administrer leurs forêts. Ces forêts ont une superficie de *98,741 hectares*. Les communes, églises et autres personnes civiles, n'ont pas de sylviculteurs.

L'administration des Domaines de la Couronne administre ses vastes domaines agricoles et forestiers par un corps de sylviculteurs et agents domaniaux.

La création de ce corps remonte à 1884, année de la fondation de l'administration elle-même, et ses membres ont été à l'origine recrutés pour la plupart parmi les agents forestiers de l'État.

Parmi les particuliers, il y en a fort peu qui aient des forestiers pour l'exploitation de leurs forêts.

On peut citer: S. M. le Roi de Roumanie, la princesse de Schönburg-Waldenburg; M. M. P. P. Carp, Ghica Comănești, prince Ştirbey, etc., qui ont tous engagé des forestiers allemands.

CHAPITRE II

LÉGISLATION FORESTIÈRE

Avant 1881, tous les délits forestiers étaient punis par les codes civil et pénal alors en vigueur. Les propriétaires exploitaient ou défrichaient leurs forêts comme ils l'entendaient.

Le 19 Juin 1881 fut promulgué le code forestier; il comprend 46 articles.

Les forêts sont divisées par ce code en deux grandes catégories: les forêts soumises au régime forestier et celles qui ne le sont pas.

Sont soumises au régime forestier:

1) Les forêts de l'État et des communes.

2) Les forêts des établissements publics, des communautés et des Églises.

3) Les forêts que des tiers possèdent en indivis avec l'État et les autres personnes civiles.

L'article 4 dispose: *„Les forêts soumises au régime forestier ne pourront être exploitées que d'après un aménagement"*.

On peut cependant exploiter ces forêts en vertu d'une étude sommaire, en attendant que l'aménagement soit fait.

Les articles 11 et 13 soumettent au régime forestier les bois des particuliers et autres situés en région de montagne, de même que ceux qui servent de protection aux chemins de fer et aux routes; ils ordonnent leur aménagement par les forestiers de l'État.

Les forêts qui tombent sans le coup des articles 11 et 13 ne peuvent être défrichées, non plus que celles qui servent à la protection des barrages, à la fixation des berges, à la conservation des sources et à la défense du territoire sur la frontière.

Dans une série d'articles, le code détermine ensuite le mode de constatation et de poursuite des délits forestiers; il désigne les agents chargés de ces poursuites et fixe dans un tarif spécial le quantum de l'amende à appliquer.

Les agents forestiers de tous grades : inspecteurs, sous-inspecteurs, gardes-généraux, brigadiers et gardes sont chargés de la surveillance des forêts, et la police se fait au nom et sous l'autorité de l'État.

Les procès-verbaux de constatation font foi jusqu'à inscription de faux dans le cas de flagrant délit, et jusqu'à preuve du contraire dans les autres cas.

Les agents forestiers ont le droit d'exposer et de soutenir l'action et de demander des dommages-intérêts et l'application de la peine par devant les instances judiciaires.

Enfin le code institue, au Ministère des Domaines, le Conseil technique des forêts.

Ce conseil exerce le contrôle sur tous les travaux qui concernent les forêts soumises au régime forestier; il approuve ou modifie les aménagements; il résout les questions de défrichements; il est, en un mot, l'autorité supérieure pour tout ce qui a trait aux questions techniques.

Il est utile, en terminant cette première partie, de faire remarquer que les forêts de l'État ne sont grevées d'aucun droit de servitude.

Avant la loi de 1864, par laquelle les paysans corvéables deviennent propriétaires, les habitants des compagnes avaient droit au bois mort, en vertu du droit de corvée et des engagements faits avec le propriétaire.

Ce droit n'existe plus aujourd'hui.

II-ᴱ PARTIE

CHAPITRE I

FLORE FORESTIÈRE DE ROUMANIE

Avant d'aborder le chapitre de la statistique, il est utile pour le lecteur, d'examiner la flore forestière roumaine, de se faire conduire à travers nos forêts qu'il apprendra ainsi à connaître. Il pourra mieux, de cette façon, se faire une idée de la région climatérique dans laquelle se trouve le royaume de Roumanie et de l'importance de nos forêts.

C'est dans ce but que nous publions ci-dessous une liste des principaux arbres, arbrisseaux et sous-arbrisseaux indigènes ou exotiques que l'on trouve dans les forêts et dans les jardins du pays.

On n'est entré toutefois dans aucun détail de description, ces détails étant connus de tous.

I. FEUILLUS

A) Arbres

Acer (A. campestre, A. negundo, A. platanoides, A. pseudoplatanus, A. tartaricum).

Aesculus hippocastanum.

Ailanthus glandulosus.

Alnus (A. glutinosa, A. incana).

Betula (B. alba, B. carpathica, B. pubescens).

Carpinus (C. betulus, C. orientalis).

Castanea vesca.

Cerasus (C avium, C mahaleb, C padus).

Fagus sylvatica.

Ficus carica.

Fraxinus (F. excelsior, F. ornus).

Gleditschia triacanthos.

Juglans regia.

Malus (M communis, M. sylvestris).

Morus (M. alba, M. nigra).

Persica vulgaris.

Platanus vulgaris

Populus (P. alba, P. nigra, P. pyramidalis, P. tremula).

Prunus (P. cerasifera, P. domestica, P, insititia).

Pyrus (P. communis, P. elœlagnifolia).

Quercus (Q. cerris, Q. conferta, Q. pedunculata, Q. pubescens, Q. sessiliflora).

Robinia pseudacacia.

Salix pentandra.
Sorbus (S. aria, S. aucuparia, S domestica, S. intermedia, S. torminalis).
Tilia (T. grandifolia, T. parvifolia, T. to-
mentosa, T. vulgaris).
Ulmus (U. campestris, U effusa, U. mon-
tana).

B) Arbrisseaux et sous-arbrisseaux

Alnus viridis.
Amygdalus (A. nana, A. communis).
Berberis vulgaris.
Cerasus chamaecerasus.
Cornus (C. mas, C. sanguinea)
Corylus avellana.
Crataegus (C. monogyna, C. pentagyna).
Cytisus (C. henflelii, C. hirsutus, C. labur-
num, C. nigricans).
Daphne mezercum.
Elaeagnus angustifolia.
Evonimus (E. europaeus, E. latifolius, E.
verrucosus).
Genista (G. ovata, G. pilosa, G. procum-
bens, G. sagittalis, G. tinctoria).
Hedera helix.
Helianthemum alpestre.
Hippophae rhamnoides.
Jasminum fruticans.
Ligustrum vulgare.
Lonicera (L. xylosteum, L. nigra).

Loranthus europaeus
Prunus spinosa.
Rhamnus (R. Cathartica, R. frangula, R.
saxatilis)
Rhododendron ferrugineum.
Rhus (R. cotinus, R. typhinum).
Ribes (R. alpium, R. grossularia, R. pe-
traeum, R. rubrum).
Rosa (R. alpina, R. canina, R. gallica, R.
repens, R. rubrifolia).
Salix (S. alba, S. babylonica, S. caprea.
S. fragilis, S. purpurea, S. rubens, S
triandra, S. viminalis).
Sambucus (S. ebulus, S. nigra, S. racemosa).
Vaccinium (V. myrtillus, V. uliginosum,
V. vitis-idaea).
Viburnum (V. lentana, V. opulus).
Viscum album.

II. RÉSINEUX

Arbres et arbrisseaux

Abies pectinata
Juniperus (J. communis, J. nana, J. sabina).
Larix europaea.
Picea excelsa.
Pinus (P. austriaca, P cembra, P. mughus,
P. obliqua, P. strobus, P. sylvestris).
Taxus baccata.
Thuya occidentalis.

Telles sont les essences qui, avec les principaux arbrisseaux et sous-arbrisseaux indiqués ci-dessus, peuplent nos forêts.

CHAPITRE II

COMPOSITION ET ÉTAT DES MASSIFS

Il n'est pas sans intérêt de connaître la manière dont ces espèces entrent dans la composition des massifs.

Le royaume de Roumanie a une forme caractéristique qui est celle d'un croissant. La partie concave est formée par la chaîne des monts Carpathes de laquelle se détachent de nombreuses ramifications qui viennent se perdre dans la région de la plaine. Ces plaines sont limitées à l'Est par le Pruth et la mer Noire et au Sud par le Danube. La surface du pays est divisée en trois régions bien distinctes et bien caractérisées par leur végétation : *la haute montagne, les collines, et la plaine.*

Région montagneuse : les sommets des hautes montagnes sont généralement dénudés. La végétation forestière y est remplacée par de vastes pâturages où de jolis troupeaux de brebis et de vaches trouvent la nourriture pendant l'été, — du 1er Mai au 1er Septembre. Ces pâturages se trouvent à 1800m· d'altitude et au-dessus.

Au-dessous des pâturages, on trouve dans les parties plus abritées, le „*Pinus mughus*" sur des étendues assez grandes : c'est là le commencement de la végétation.

Plus bas, entre 1800m· et 1300m· d'altitude, on trouve l'épicéa qui constitue de beaux et grands massifs, à l'état pur ; ces massifs sont encore vierges dans certaines parties de nos montagnes, difficilement accessibles.

Plus bas encore, le sapin apparaît par ci par là et il devient d'autant plus commun que l'on descend aux altitudes inférieures. Ici, le sapin tantôt par bouquets, tantôt en mélange intime, forme les massifs avec l'épicéa.

Ce mélange ne se trouve que jusqu'à 1000m· d'altitude — sauf les exceptions provenant du fait de l'exposition, — car presque en même temps que le sapin apparaît aussi le hêtre.

Au-dessous de 1000m· d'altitude, le sapin et le hêtre constituent seuls la forêt, le premier devenant de plus en plus rare et cédant sa place au hêtre qui constitue enfin de vastes massifs, à l'état pur.

Aux expositions Sud-Ouest le hêtre, pur ou mélangé à quelques résineux, se retrouve jusqu'à 1200m· d'altitude.

En résumé, dans la région de montagne on trouve : au sommet, l'épicéa pur ou en mélange avec le sapin ; sur les flancs, le sapin avec le hêtre à égale proportion ou le hêtre prédominant ; enfin à la base, le hêtre pur.

Toutes les autres espèces telles que : Pinus cembra, Larix siberica, Taxus baccata, Acer pseudo-platanus, ne se trouvent que sporadiquement. Le bouleau — Betula alba, — constitue des bouquets sur des cônes de déjection (ou éboulements) et dans les vallées, bouquets sous lesquels viennent plus tard s'installer le sapin et l'épicéa.

De même le Pin sylvestre — Pinus sylvestris — se présente sous la forme de bouquets plus intenses à la base des montagnes.

La région des collines commence au-dessous de 800m· d'altitude. A sa partie supérieure on trouve le hêtre pur ou presque pur ; il est mélangé au chêne rouvre sur les versants exposés au Sud-Ouest, et dans ce cas le chêne rouvre se trouve généralement en bouquets.

A mesure qu'on descend, le chêne rouvre est plus fréquent et le hêtre devient de plus en plus rare; il ne se retrouve plus qu'au fond des vallées, se mélange au charme et finalement disparaît. Le chêne rouvre et le chêne *gârniţa* (Quercus robur et conferta) constituent alors le massif à l'état pur; le chêne pédonculé apparaît sporadiquement dans les vallées, à la base des collines.

Les éléments principaux qui entrent dans la constitution des massifs de la région des collines sont donc : le hêtre, le chêne rouvre et le chêne *conferta*. Les éléments secondaires sont : le chêne pédonculé, l'érable (jugastru), le charme, le frêne, l'orme, le bouleau, l'alisier, le pommier, le merisier; parmi ces essences il n'y a que le charme et le bouleau qui forment quelquefois des bouqueteaux, les autres ne se trouvent qu'à l'état isolé dans les massifs.

Le coudrier-noisetier est un des arbustes les plus communs de cette région, au point qu'il est même à craindre.

L'aune noir et l'aune cendré forment exclusivement les aulnaies qui se trouvent dans les vallées de la région montagneuse et de la région des collines.

La région de la plaine commence vers 250ᵐ· d'altitude; elle est caractérisée par des massifs de chêne pédonculé pur ou en mélange avec le frêne et le chêne cerris. On y trouve aussi des forêts de composition tout à fait particulière et qui portent ici le nom de „forêts de şleau". On y trouve côte à côte le chêne pédonculé, l'érable champêtre, l'érable tartare (Acer tartarica) le tilleul, le charme, l'orme, l'alisier, le chêne chevelu, le peuplier tremble, et le mélange de ces essences est tel, que sur une surface de quelques ares on peut les trouver presque toutes. Ce sont des forêts dévastées par des exploitations abusives et le pâturage.

Sur les bords des rivières et du Danube, nous avons des aulnaies composées de saule, peuplier et aune.

La Dobrogea, quoique comprise entre la mer et le Danube, présente, à cause de la configuration accidentée de son sol, une végétation de plaine et une végétation de colline; la première est prédominante.

Sur les sols sablonneux du bord de la mer Noire à Letea et Cara-Oman, nous trouvons des forêts de chêne pédonculé pur, mais dégénérées.

Au point de vue de leur importance dans la composition des massifs, les essences peuvent se ranger dans l'ordre suivant : 1) le hêtre, 2) le chêne et ses variétés, 3) l'épicéa, 4) le sapin, 5) les autres essences, comme le tilleul, le charme, le frêne, l'orme, etc. ; le hêtre couvre donc la plus grande superficie de terrain boisé en Roumanie. Telle est, en résumé, la composition de nos massifs forestiers.

La Roumanie n'est pas un pays industriel ; malgré cela, l'état de ses forêts n'est pas florissant. Examinons séparément chaque région.

Dans la région montagneuse, les forêts de résineux des „moşneni" [1]) et des petits propriétaires sont presque ruinées ; les forêts de l'État, des Établissements publics et des grands propriétaires sont encore en bon état ; on y trouve souvent des épicéas de 40 à 60$^{m.}$ de hauteur et de 1$^{m.}$ de diamètre à 1$^{m.}$30 du sol.

Dans la région de collines, le Quercus robur et le Quercus conferta atteignant les dimensions des bois d'œuvre et d'industrie, deviennent de plus en plus rares ; il n'y en a plus guère que dans les forêts de l'État où l'on trouve encore des sujets ayant un fût de 10 à 12 mètres et un diamètre de 60 à 100$^{cm.}$

Toutefois, l'étendue des forêts se maintient la même.

Dans la région de la plaine, presque toutes les forêts sont exploitées, même celles de l'État. Le périmètre des forêts est modifié chaque année par de nouveaux défrichements, le domaine agricole prenant de l'extension au détriment du domaine forestier dont l'étendue diminue de plus en plus.

Seuls l'État et les Établissements publics conservent encore leurs forêts ; les forêts des particuliers disparaissent peu à peu ; on n'y trouve plus d'arbres de grandes dimensions.

L'État possède aujourd'hui 9530 hectares de forêts d'acacias âgés de 5 à 16 ans, et provenant des plantations commencées en 1884 dans les sables mouvants du Danube et dans le „Baragan".

CHAPITRE III

STATISTIQUE

Après avoir montré l'état et la composition de nos massifs forestiers, occupons-nous de la statistique.

Le service forestier de l'État n'a commencé qu'au mois de Mai 1898

---

1. On désigne sous ce nom des paysans propriétaires en indivision. Cette propriété provient de donations faites aux paysans par les anciens Voevodes du pays.

une étude statistique des forêts du royaume considérées à différents points de vue :

a) Répartition des forêts pour chaque département entre les différentes catégories de propriétaires ;

b) Forêts soumises au régime forestier ;

c) Différents rapports existant entre la surface des forêts, celle du département et la population ;

d) Exploitations;

e) Aménagements.

Les données comprises dans ce chapitre représentent la situation à la fin de 1898.

A) Forêts du pays

Le domaine forestier du royaume de Roumanie ne représente que *21 %* de la surface de son territoire, c'est à dire *4 %* seulement de plus que la France.

Ce domaine forestier a une étendue de *2.774.048* hectares et il est réparti de la manière suivante entre les divers propriétaires :

```
État . . . . . . . . . . . . . . . . . . . 1.085.033 hectares.
Domaine de la Couronne . . . . . . . .    70.188      »
Établissements publics, Communes, etc. .  125.986      »
Particuliers . . . . . . . . . . . . . .  1.492.841    »
```

Ce sont donc les particuliers qui possèdent la plus grande étendue de forêts; l'État vient en second avec une différence en moins de 300.000 hectares seulement.

Nous donnons ici un tableau des forêts du royaume réparties entre les divers propriétaires :

TABLEAU I

Forêts du royaume de Roumanie, réparties entre les divers propriétaires.

No. d'ordre	DÉPARTEMENT	FORÊTS DE L'ÉTAT			Forêts du Domaine de la Couronne	Forêts des communes et des Établissements publics	Forêts des particuliers	Surfaces totales
		Forêts	Vides	Total				
		Hect.	Hect.	Hect.	Hect.	Hect.	Hect.	Hect.
1	Argeş	55071	12500	67571	—	17163	60065	144799
2	Bacau	58358	4962	63320	—	7012	136325	206657
3	Botoşani	6829	1236	8065	—	637	40261	48963
4	Braila	7670	94	7764	62	653	1418	9897
5	Buzeu	33923	3499	37422	—	1940	66519	105881
6	Constantza	23776	5127	28903	—	6386	86	35375
7	Covurlui	4422	1999	6461	—	—	22845	29306
8	Dambovitza	38432	7293	45725	—	3776	61000	110501
9	Dolj	30232	7501	37733	5567	4995	25000	73295
10	Dorohoi	4546	733	5279	—	2856	29815	37950
11	Flaciu	9799	2101	11900	—	717	13182	25799
12	Gorj	40343	5782	46125	—	5763	180000	231888
13	Ialomitza	10565	3110	13675	—	1236	8688	23599
14	Iassy	16161	1412	17573	—	1557	27069	46199
15	Ilfov	22650	3708	26358	2655	2735	17539	49287
16	Mehedintzi	31386	10847	42233	—	2293	92000	136526
17	Muscel	58504	16096	74600	—	2370	71630	148600
18	Neamtz	141018	9809	150827	12592	1600	50592	215611
19	Olt	7557	1904	9462	—	1345	22000	32808
20	Prahova	35073	8101	43174	3377	28846	50224	125621
21	Putna	27051	3457	30508	—	3623	106585	140716
22	R.-Sarat	18172	1991	20163	40	735	42351	63289
23	Reman	5794	475	6269	—	3341	24325	33935
24	Romanatzi	10578	2976	13554	500	4425	10000	28479
25	Suceava	28378	2715	31093	40459	81	73149	144782
26	Tecuci	9360	1688	11048	—	123	24777	35948
27	Teleorman	7695	2740	10435	—	1589	9816	21840
28	Tulcea	79979	26660	106639	—	9135	662	116436
29	Tutova	9597	2272	11869	—	1014	23396	36279
30	Vaslui	9195	749	9944	4936	3989	23909	42778
31	Vêlcea	46318	7548	53866	—	1515	161000	216381
32	Vlaşca	33171	2304	35475	—	2535	16613	54623
	Totaux	921644	163389	1085033	70181	125986	1492841	2774048

Considérons maintenant ce domaine, séparément pour chaque propriétaire.

L'État possède une étendue de forêts supérieure à 100.000 hectares dans deux départements, à savoir :

Neamtz	150827	hectares
Tulcea	106639	"
Total	257466	"

Dans 8 départements, il possède une étendue de forêts variant entre 40 et 80 mille hectares :

Muscel	74600	hectares
Argeş	67571	"
Bacau	63320	"
Vêlcea	53866	"
Gorj	46125	"
Dambovitza	45725	"
Prahova	43174	"
Mehedintzi	42233	"
Total	436614	"

Dans ces dix départements qui—sauf celui de Tulcea—sont des départements de montagne, l'État possède 64 % de sa propriété forestière. On en tire cette conclusion que : *la plus grande partie des forêts de l'État est située dans la région montagneuse et dans celle de collines.*

Dans 8 autres départements le domaine forestier de l'État oscille entre 20 et 40 mille hectares.

Quatre de ces départements : Buzeu, R.-Sarat, Putna et Succava, complètent la bande des forêts qui va de Mehedintzi à Botoşani, interrompue seulement par les forêts particulières; savoir :

Dolj	37733	hectares
Buzeu	37422	„
Vlaşca	35475	„
Suceava	31093	„
Putna	30508	„
Constantza	28903	„
Ilfov	26358	„
R.-Sarat	20163	„
Total	247655	„

Il y a 7 départements dans lesquels l'État possède 10 à 20 mille hectares de forêt ; parmi ceux-ci le plus important est le département de Iassy avec 17.574[h.] ; le moins important est le département de Telcorman avec 10.434[h.] Au total, dans les 7 départements, 90.054[h.]

Enfin dans 7 autres départements, les forêts de l'État ont une superficie totale variant entre 5 et 10 mille hectares ; à savoir : Vaslui, Olt, Botoşani, Braila, Covurlui, Roman et Dorohoi; au total 53.244[h.]

Il ressort donc de ce qui précède que :

1) La plus grande étendue de forêts appartenant à l'État se trouve dans le département de Neamtz qui a 150.827[h.]

2) Plus on se rapproche de la plaine, plus le nombre des forêts de l'État diminue. D'autre part leur répartition devient très inégale, de sorte qu'il est impossible à l'administration des forêts de donner à la distribution de son personnel sur le territoire de la Roumanie, l'uniformité qu'on constate dans la plupart des autres administrations.

3) L'État possède des forêts dans tous les départements et la plus faible étendue se trouve dans le département de Dorohoi qui n'a que 5279[h.] de forêts.

La carte No. 1 permet de voir d'un seul coup d'œil l'intensité du boisement dans les différents départements.

Si nous considérons maintenant le domaine forestier de l'État au point de vue de la surface boisée proprement dite et des vides, nous voyons que :

La surface boisée proprement dite est de · · 921644 hectares
et les vides . . . . 163389 „
Total . . . 1085033 „

Les vides ne représentent donc que 15% de la surface totale des forêts.

La plupart de ces vides sont d'ailleurs productifs, car ce sont soit des pâturages en montagne, soit des prairies dans les clairières des forêts ; il n'y en a que très peu qui peuvent être considérés comme improductifs, ce sont des roches dénudées ou des terrains marécageux.

Les sables mouvants des bords de la mer et des rives du Danube ne sont pas compris dans les vides. Il en sera parlé dans un chapitre à part.

On pourrait croire, de prime abord, que la plus grande étendue de forêts proprement dites doive se trouver dans les départements les plus boisés. Il n'en est rien cependant et alors que dans le département de Neamtz les forêts proprement dites représentent 94% de la surface boisée, dans le département de Tulcea elles ne représentent que 74% de cette même surface.

Cela tient à ce que dans le département de Tulcea il y a beaucoup de terrains qui, lors de la délimitation des forêts, ont été renfermés dans le périmètre de ces forêts, et n'ont pas encore été reboisés par le service forestier. Dans le département de Neamtz au contraire, les massifs sont presque complets et les vides ne sont représentés que par les pâturages et quelques petites clairières. Dans cinq départements la surface des forêts proprement dites varie de 40 à 60 mille hectares, ce sont :

Bacau . . . . 58358 hectares
Muscel . . . . 58504 „
Argeş . . . . 55071 „
Vêlcea . . . . 46318 „
Gorj . . . . 40343 „
Total . . . 258594 „

Dans dix autres départements, cette surface varie de 20 à 40 mille hectares ; parmi ceux-ci le département de la Dambovitza a 38.432[h.] et le département d'Ilfov, 22.650[h.] Au total 304.072[h.] de forêts proprement dites.

Comme départements contenant 10 à 20 mille hectares de forêts proprement dites nous n'avons que :

R.-Sarat . . . . 18.172 hectares
Iassy . . . . 16.161 »
Romanatzi . . . . 10.578 »
Ialomitza . . . . 10.565 »

Enfin 11 départements n'ont que 4 à 10 mille hectares de forêts proprement dites ;

Au total : 82.504 hectares.

On déduit donc de ce qui précède, que la plus grande surface de forêts proprement dites se trouve aussi dans les régions de montagne et de collines. (Voir la carte No. 2).

L'examen du tableau No. 1, nous permet aussi de voir que la plus grande étendue de vides se trouve dans les départements de montagne, car c'est là que se trouvent d'immenses pâturages, excepté les départements de Tulcea et de Constantza. Dans la plaine, au contraire, les clairières sont peu nombreuses et de peu d'importance. Il y a cependant des exceptions: nous en trouvons par exemple dans les départements de Teleorman et de Braila — départements de plaine par excellence; — dans le premier, les vides représentant 25 % de la surface boisée et dans le second, pas même 2 %.

De même dans les départements situés en région de montagne ou de collines dont les forêts sont à des altitudes moyennes relativement faibles, tels que Bacau, Neamtz, Suceava, les vides représentent 6 à 8 % de la surface boisée totale, tandis que dans les départements d'Argeș et de Muscel ils représentent 19 et 21 %.

Comme départements renfermant plus de 15 mille hectares de vides, on trouve ceux de Muscel et de Tulcea ; le premier à cause des hautes montagnes qui le composent, le second à cause des terrains nouvellement incorporés aux forêts et qui ne sont pas encore reboisés.

Les départements d'Argeș et de Mehedintzi ont de 10 à 15 mille hectares de vides et ceux de Neamtz, Prahova, Vâlcea, Dolj, Dambovitza, Gorj et Constantza ont de 5 à 10 mille hectares.

La plupart des départements — au nombre de 17 — ont de 1 à 5 mille hectares.

Enfin quatre départements renferment moins de 1.000 hectares de vides, ce sont ceux de :

Vaslui . . . . 749 hectares
Dorohoi . . . . 733 »
Roman . . . . 475 »
Braila . . . . 94 »

Comme il a déjà été dit au commencement de ces notices, le manque
de cadastre a été un empêchement principal à la recherche de données
statistiques complètes. C'est ainsi que pour le Domaine de la Couronne,
les Établissements publics et pour le domaine forestier du pays en général, on a été forcé de se contenter d'un à peu près en ce qui concerne
la surface totale boisée, c'est-à-dire qu'on n'a pu séparer la surface boisée
proprement dite des vides.

Cependant, en tenant compte du rapport qui existe dans les forêts
de l'État, entre la surface boisée proprement dite et les vides, on peut
facilement se faire une idée de ce même rapport pour les forêts des autres
catégories de propriétaires.

Les forêts du domaine de la Couronne sont réparties entre neuf départements seulement.

Les plus boisé est le département de Succava contenant 40.459 hectares, qui représentent plus de 60% de ce domaine forestier. Viennent
ensuite les départements de :

Neamtz	12592	hectares
Dolj	5567	„
Prahova	3377	„
Ilfov	2655	„
Total · · ·	24191	„

Enfin les départements de Romanatzi, Braila, R.-Sarat et Vaslui
renferment ensemble 602 hectares.

On voit donc que ces forêts sont éparpillées dans 9 départements
depuis Dolj jusqu'à Suceava et que, lors de la création du domaine de la
Couronne, on a cerché à lui donner de grands massifs forestiers chaque
fois que cela a été possible.

Les forêts des établissements publics sont réparties entre tous les départements du pays, sauf celui de Covurlui ; la plus grande étendue de
ces forêts se trouve dans les départements de :

Prahova avec 28.846 hectares et Argeş avec 17.163 hectares dans
lesquels l'Administration des hôpitaux civils de Bucarest possède seule :
76% dans la Prahova et 98% dans l'Argeş.

Comme départements possédant entre 5 et 10 mille hectares, nous
trouvons :

Tulcea	9135	hectares
Constantza	6385	„
Bacau	7012	„
Gorj	5763	„
Total . . .	28295	„

Dans les départements de Tulcea et de Constantza, il n'y a que des forêts communales, créées par la loi de l'organisation de la Dobroudgea.

Les six départements cités plus haut contiennent seuls 60% de la surface totale de ces forêts et par conséquent les 25 autres départements contiennent ensemble à peine 40% de cette surface. Il en résulte donc que les forêts des Établissements publics sont enclavées dans celles de l'État depuis Turnu-Severin jusqu'à Dorohoi, ce qui fait que leur gestion est très difficile dans l'état actuel des choses c'est-à-dire par un personnel propre à ces établissements. (Voir la carte No. 5 pour plus de clarté).

Les forêts des particuliers ont des étendues sensiblement égales à celles des forêts de l'État dans les différents départements. Nous trouvons ainsi dans les départements de :

Gorj	180000 hectares
Bacau	136325 „
Vêlcea	161000 „
Putna	106585 „
Total . . .	583910 „

Comme départements contenant 50 à 100 mile hectares, il y a :

Mehedintzi	92000 hectares
Buzeu	66519 „
Suceava	73149 „
Dambovitza	61000 „
Muscel	41630 „
Argeş	60065 „
Neamtz	50592 „
Prahova	50224 „
Total . . .	525179 „

Ces 12 départements contiennent à peu près 80% de la surface totale de ces forêts.

Les forêts particulières forment ainsi dans les régions de montagne et de collines, de Mehedintzi à Suceava, une bande enclavée dans les forêts de l'État, du Domaine de le Couronne et des Établissements publics.

Il y a cinq départements contenant 25 à 50 mille hectares; le département de R.-Sarat en tête avec 42.351 hectares et le département de Dolj avec 25.000 hectares, en dernier; au total 164.496 hectares.

Puis, 9 départements contiennent 10 à 25 mille hectares. On trouve ensuite le Teleorman avec 9846 hectares; la Ialomitza avec 8688 hectares. Enfin comme départements renfermant moins de 5000 hectares, il y a :

Braila	1418 hectares
Tulcea	662 „
Constantza	86 „

On voit par là que, dans la région de la plaine, les particuliers ont relativement moins de forêts que l'État, ce qui s'explique par le fait de défrichements successifs en vue d'obtenir des terrains de culture.

Au contraire, dans les régions de montagne et de collines, les particuliers possèdent plus que l'État, car là le défrichement n'offrait aucun avantage; le maintien de la forêt s'imposait. (Voir Carte No. 6).

Domaine forestier du pays. — Si l'on passe maintenant du simple au composé, du particulier au général, le tableau précédent nous fait voir qu'en Roumanie il y a 4 départements ayant plus de 200 mille hectares de forêts. A savoir :

Gorj	231.888	hectares
Neamtz	215.611	"
Vêlcea	226 381	"
Bacau	206.657	"
Total	870.537	"

Les deux premiers départements sont voisins en Olténie, les deux derniers voisins en Moldavie ; ils forment des massifs de forêts presque ininterrompus et représentent ensemble environ le $\frac{1}{3}$ de la surface totale des forêts du royaume.

Viennent ensuite 4 autres départements avec 140 à 200 mille hectares de forêts. Ce sont :

Muscel	148.600	hectares
Suceava	144 782	"
Argeş	144.899	"
Putna	140.716	"
Total	578.897	"

Les forêts des deux premiers départements ne sont que la continuation des vastes forêts des départements de Gorj et de Vêlcea et les forêts des deux derniers la continuation des forêts de Neamtz et Bacau.

Comme départements renfermant 80—140 mille hectares, il y a :

Mehedintzi	136.526	hectares
Dambovitza	110.501	"
Prahova	125.621	"
Buzeu	105.881	"
Tulcea	116.436	"
Total	594.965	"

Ces cinq départements, avec des surfaces boisées moindres, mais assez importantes cependant, ne renferment, — à l'exception de Tulcea —que la continuation des vastes forêts de Neamtz et de Gorj. Ces forêts forment une bande ininterrompue de Severin à Falticeni, couvrant par conséquent toute la ligne des montagnes et collines du pays.

Les 13 départements cités plus haut renferment à peu près 80% de la surface totale des forêts du pays.

Viennent ensuite des départements contenant 40 à 80 mille hectares; en tête de ceux-ci, le département de Dolj avec 73.295 h· et, en dernier, le département de Vaslui avec 42.778 h·, au total : 378.434 h·

Les départements les moins boisés sont les départements de plaine, qui renferment de vastes terrains agricoles. Ces derniers départements renferment à peine 12% des forêts du pays. Parmi ceux-ci, nous citerons :

Covurlui	29306	hectares
Romanatzi	28479	„
Falciu	25799	„
Ialomitza	23599	„
Teleorman	21840	„
Braila	9897	„
Total	138920	„

On voit facilement d'après ce qui précède que, plus on descend vers la plaine, plus les forêts deviennent rares, car l'agriculture — beaucoup trop extensive d'ailleurs — réclame de vastes étendues de terrain. (Voir carte No. 7).

Voyons quel est le rapport qui existe entre la surface des forêts d'après la nature des propriétaires, et la surface des forêts en général.

Les forêts de l'État représentent plus de 50% des forêts du pays dans onze départements parmi lesquels :

Tulcea	92%
Constantza	82%
Braila	82%
Muscel et Romanatzi	50%

Dans quatre départements elles représentent 40—49%; dans 7 départements 30—39%; dans 8 départements 20—29%; dans le département de Botochani 16% et celui de Dorohoi 13%.

La carte No. 8 permet de voir facilement que dans les départements de plaine le taux des forêts de l'État est supérieur, à de rares exceptions près, à celui des forêts des autres propriétaires, tandis que c'est le contraire qui a lieu dans les départements de montagne : les raisons en ont été indiquées déjà plus haut.

Les forêts des Établissements publics et du Domaine de la Couronne réunis, ont le taux le plus élevé dans les départements de :

Suceava	28%
Prahova	26%
Vaslui	21%

Puis 6 départements ont un taux variant de 10 à 19%, parmi lesquels le département de Constantza en tête avec 17% et le département de Roman en dernier avec 10%.

Viennent ensuite 21 départements avec un taux de 1 à 9%; enfin le département de Tecuciu a un taux inférieur à 1. (V. carte No. 9.)

Les forêts des particuliers sont sensiblement dans le même rapport que les forêts de l'État. Toutefois leur étendue n'atteint jamais 92% de la surface totale des forêts, comme c'est le cas pour les forêts de l'État dans le département de Tulcea. Par contre elles représentent plus de 50% dans 18 départements, — particulièrement de montagne et de collines — tandis que celles de l'État n'atteignent ce taux que dans onze départements.

Le taux le plus faible se trouve dans les départements de Tulcea, avec 3%, et de Constantza avec 1%; cela tient à ce que, lors de l'annexion de la Dobrogea à la Roumanie, toutes les forêts de cette province ont passé de droit à l'État, car il n'y avait pas antérieurement de propriétaires particuliers. (V. carte No. 10).

B) Forêts soumises au régime forestier

Le service forestier, conformément au code forestier en vigueur, est chargé de la gestion et de l'exploitation des forêts de l'État; il est chargé d'exercer un contrôle sur la confection et l'application des aménagements des forêts soumises au régime forestier, c'est-à-dire des forêts des Établissements publics, Communes, Départements, Églises, et des forêts particulières dont le maintien en bon état a été décrété d'utilité publique et qui sont prévues par les articles 11 et 13 du code forestier. Une liste de ces forêts a été publiée dans le *Moniteur officiel,* après la promulgation de la loi.

L'étendue des forêts soumises au régime forestier est de 2.340.042 hectares, soit 84% de la surface totale des forêts du royaume.

Nous donnons ci-dessous un tableau renfermant ces forêts :

TABLEAU II

Forêts soumises au régime forestier.

No. d'ordre	DÉPARTEMENT	Forêts de l'État	Forêts du domaine de la Couronne, des Communes et des Établissements publics	Forêts des particuliers	Totaux
		Hect.	Hect.	Hect.	Hect.
1	Argeş	67 571	17 163	58 502	143 236
2	Bacau	63 320	7 012	136 325	206 657
3	Botoşani	8 065	637	33 846	42 548
4	Braila	7 764	715	—	8 479
5	Buzeu	37 422	1 940	66 519	105 881
6	Constantza	28 903	6 386	—	35 289
7	Covurlui	6 461	—	110	6 571
8	Dâmbovitza	45 725	3 776	48 707	98 208
9	Dolj	37 733	10 562	5 126	53 421
10	Dorohoi	5 279	2 856	28 837	36 972
11	Falciu	11 900	717	11 476	24 093
12	Gorj	46 125	5 763	133 461	185 349
13	Ialomitza	13 675	1 236	—	14 911
14	Iassy	17 573	1 557	18 187	37 317
15	Ilfov	26 358	5 390	2 280	34 028
16	Mehedintzi	42 233	2 293	58 646	93 172
17	Muscel	74 600	2 370	71 630	148 600
18	Neamtz	150 827	14 192	50 592	215 611
19	Olt	9 462	1 346	550	11 358
20	Prahova	43 174	32 223	50 224	125 621
21	Putna	30 508	3 623	74 850	108 981
22	R.-Sarat	20 163	775	42 357	63 295
23	Roman	6 269	3 341	2 069	11 679
24	Romanatz	13 554	4 925	90	18 569
25	Suceava	31 093	40 540	55 263	126 896
26	Tecuci	11 048	123	16 789	27 960
27	Teleorman	10 435	1 589	2 260	14 284
28	Tulcea	106 639	9 135	—	115 774
29	Tutova	11 869	1 014	860	13 743
30	Vaslui	9 944	8 925	13 847	32 716
31	Vâlcea	53 866	1 515	85 432	140 813
32	Vlaşca	35 475	2 535	—	38 010
	Totaux	1 085 033	196 174	1 058 835	2 340 042

Les forêts de l'État, du Domaine de la Couronne et des Établissements publics sont toutes soumises au régime forestier. Quant à celles des particuliers, dans cinq départements, elles ne sont pas soumises au régime, à savoir : Braila, Constantza, Ialomitza, Tulcea, et Vlasca ; puis, dans quatre départements, il y en a moins de 1000 hectares, ce sont les départements de :

Tutova	860	hectares
Covurlui	110	"
Olt	550	"
Romanatzi	90	"

En général la plus grande partie des forêts soumises au régime forestier se trouve dans les régions de montagne et de collines.

Si l'on considère toutes ces forêts dans leur ensemble, on constate qu'il y a 6 départements qui en contiennent plus de 140 mille hectares; savoir :

Neamtz	215.611 hectares
Bacau	206.657 »
Gorj	185.349 »
Muscel	148.600 »
Argeş	143.236 »
Vâlcea	140.813 »
Total	1.040.266 »

Comme départements contenant 80 à 140 mille hectares on trouve :

Suceava	126.896 hectares
Prahova	125.621 »
Tulcea	115.774 »
Putna	108.981 »
Buzeu	105.881 »
Dambovitza	98.208 »
Mehedintzi	93.172 »
Total	775.533 »

Ces 13 départements, situés tous — à l'exception de Tulcea — dans la région de montagne, contiennent 77 °/o de la surface totale des forêts soumises au régime forestier. On voit donc que la majorité des forêts soumises au régime forestier est située en pays de montagne ou de collines; et que les 13 départements cités plus haut sont précisément les 13 départements les plus boisés du pays.

Vient ensuite la série des départements de plaine, avec des surfaces de forêts soumises au régime forestier qui sont en raison directe de l'étendue totale des forêts appartenant à l'État et aux Établissements publics.

Il n'y a que deux départements qui ont moins de 10 mille hectares de ces forêts; ce sont les départements de Braila avec 8479 hect. et de Covurlui avec 6571 h. (V. la carte No. 11 pour plus de facilité).

Nous déduisons donc de ce qui précède que le corps forestier de l'État composé de 156 agents supérieurs est chargé de toute la gestion des forêts de l'État qui représentent 1.085.000 hectares. Il a en outre la surveillance de l'application des aménagements pour une étendue de 1.255.000 hectares, parmi lesquels 1.088.000 hectares appartiennent aux particuliers.

Nous avons donc 15 mille hectares pour un agent supérieur; c'est-à-dire que nous sommes encore loin de posséder le nombre d'agents suffisant pour l'administration d'un pareil domaine forestier.

C) Différents rapports, pour chaque département, entre la surface du département, sa population et la surface des forêts.

Nous avons jugé qu'il n'était pas sans intérêt de faire voir par différentes cartes les rapports qui existent en Roumanie, pour chaque département, entre la surface des forêts, la population et la surface du département.

Nous avons déjà dit, dès le commencement de ces notices, que la population du royaume s'élève, d'après les dernières statistiques de 1898, à 5.690.881 habitants pour un territoire de 13.135.744 hectares; c'est-à-dire que, pour un habitant, il y a 2 hectares 48 de terrain.

Si l'on considère la population dans chaque département séparément, on voit que les départements les moins peuplés sont :

Braila	· · · · · · · · ·	avec 310	hectares pour 100 habitants			
Ialomitza	· · · · · · ·	„ 386	„	„	„	„
Constantza	· · · · · · ·	„ 585	„	„	„	„
Tulcea	· · · · · · · ·	„ 689	„	„	„	„

La région la moins peuplée est donc la Dobrogea où, pour un habitant, il y a 5.9 à 6 hectares de terrain.

Viennent ensuite: Muscel avec 264 hectares, Neamtz avec 273 [hect.] Gorj avec 287 [hect.] pour 100 habitants.

Nous en déduisons qu'après les vastes plaines du Baragan et de la Dobrogea, la population la moins dense se trouve dans les départements de montagne.

Le département le plus peuplé est celui d'Ilfov où, pour un habitant, il y a 1[hect.].15 de terrain ; ceci s'explique par le fait de l'agglomération d'un grand nombre d'habitants dans la capitale.

Dans tous les autres départements le rapport entre le chiffre de la population et celui de la surface du département varie entre 2.64 et 1.15; le rapport est égal à 2 pour la plus grande partie des départements.

La carte No. 12 permet de voir facilement la variation de densité de la population dans le pays.

Si nous considérons maintenant *le rapport qui existe entre le chiffre de la population et la surface boisée du département*, nous voyons que les départements les plus favorisés sont :

Gorj	. . . .	avec 142	hectares pour 100 habitants			
Neamtz	. . . .	„ 141	„	„	„	„
Vêlcea	. . . .	„ 117	„	„	„	„
Suceava	. . . .	„ 113	„	„	„	„
Muscel	. . . .	„ 119	„	„	„	„
Bacau	. . . .	„ 109	„	„	„	„

Dans 18 départements il y a $0^h.20$ à $0^h.50$ de forêt par habitant, et les départements les moins avantagés sont :

Braila . . . . avec 7 hectares pour 100 habitants
Teleorman . . . . „ 7 „ „ „ „
Ilfov . . . . „ 9 „ „ „ „
　　　　(Voir Carte No 13).

Si maintenant nous cherchons à voir quel est *le rapport entre la surface boisée et celle du département*, nous trouvons que dans quatre départements seulement ce rapport est supérieur à $1/2$. Savoir :

Neamtz . . . . 54 %
Vêlcea . . . . 51 %
Bacau . . . . · · . . 51 %
Muscel . . . . 50 %

Dans 9 départements, tous situés en montagne, ce rapport varie de 25 % à 49 %.

Les départements les moins boisés sont ceux de plaines, savoir :

Covurlui . . . . 9 %
Constantza . . . . 5 %
Ilfov . . . . 8 %
Teleorman, Ialomitza . . . . 3 %
Romanatzi . . . . 6 %
Braila . . . . 2 %
　　　　(Voir Carte No. 14).

Si nous entrons plus encore dans les détails et si nous cherchons à voir *quel est le rapport qui existe entre la surface des forêts et celle du département, pour chaque catégorie de propriétaires*, nous voyons d'après les cartes Nos. 15, 16 et 17 que :

1) *L'État* possède 38 % de la surface du département, dans le département de Neamtz; dans tous les autres départements, ce chiffre n'est plus atteint et dans le Teleorman, l'État possède à peine 1 % de la surface du département.

2) *Les particuliers* qui possèdent plus que l'État, ont :

Dans les départements de :
　　　Gorj . . . . 39 %
　　　Putna . . . . 33 %
　　　Vêlcea . . . . 37 %
　　　Muscel . . . . 25 %
　　　Bacau . . . . 34 %

Dans 15 départements ils possèdent de 5 à 14 % et ce chiffre diminue jusqu'à 0.01 %.

Si l'on compare les forêts de l'État à celles des particuliers, on constate que les premières, bien que n'atteignant jamais plus de 35% (dans le département de Neamtz), alors que celles des particuliers atteignent 39% (dans le Gorj), ne descendent jamais au-dessous de 1%, tandis que celles des particuliers arrivent à 0.01 %, comme c'est le cas pour les départements de Tulcea et de Constantza.

Enfin, si l'on compare *la surface des forêts soumises au régime à la surface du département*, on constate que les forêts soumises au régime représentent :

54 % de la surface du département de Neamtz
52 % » » » » » » Bacau
50 % » » » » » » Muscel

Ce rapport diminue graduellement jusqu'à 2% dans Covurlui, Braila et Ialomitza.

T A B

No. d'ordre	Départements	Forêts			Essences qui composent les forêts						Surfaces			Total général
		Exploitées	Non-exploitées	Total	Résineux	Hêtre pur ou mélangé aux résineux	Essences mélangées (hêtre, chêne, charme, etc.)	Chêne pur ou prédominant	Bois blancs (peuplier, saule, etc.)	Robinia-pseudo-acacia	Vides	Non-exploitées	Exploitées ou en cours d'exploitation	
1	2	3	4	5	6	7	8	9	10	11	12	13	14	15
					Hect.	Hect.	Hect.	Hect.	Hect.	H.	Hect.	Hect.	Hect.	Hect.
1	Argeş	22	28	50	1 432	11 850	34 167	7 189	434	—	12 500	50 802	4 269	67 571
2	Bacau	19	2	21	14 927	30 451	11 500	1 392	88	—	4 962	5 753	52 605	63 320
3	Botoşani	12	—	12	—	—	6 103	709	18	—	1 236	—	6 829	8 065
4	Braila	4	—	4	—	—	—	127	5 648	1 894	94	1 894	5 776	7 764
5	Buzeu	35	35	70	6 254	1 086	10 627	14 154	1 803	—	3 499	21 091	12 832	37 422
6	Constantza	25	30	55	—	—	14 363	5 607	2 847	960	5 127	18 147	5 629	28 903
7	Covurlui	11	2	13	—	—	227	3 248	986	—	1 999	473	3 989	6 461
8	Dambovitza	42	24	66	3 855	1 895	19 274	12 732	675	—	7 293	13 382	25 050	45 725
9	Dolj	32	25	57	—	—	65	23 314	2 435	4 418	7 501	13 248	16 984	37 733
10	Doroh.i	10	1	11	—	—	4 183	244	119	—	733	12	4 534	5 279
11	Falciu	15	—	15	—	—	6 010	2 813	976	—	2 101	—	9 799	11 900
12	Gorj	15	8	23	4 536	23 852	3 186	8 704	65	—	5 782	31 830	8 543	46 125
13	Ialomitza	22	7	29	—	—	109	4 296	4 000	2 160	3 110	2 991	7 574	13 675
14	Iassy	20	10	30	—	—	15 061	781	320	—	1 412	414	15 747	17 573
15	Ilfov	48	10	58	—	—	2 255	17 886	2 508	—	3 708	1 033	21 617	26 358
16	Mehedintzi	28	20	48	—	—	480	30 647	259	—	10 847	6 680	24 706	42 233
17	Muscel	16	41	57	9 778	14 825	33 286	—	615	—	16 096	50 479	8 025	74 600
18	Neamtz	26	10	36	67 369	64 110	7 541	1 559	439	—	9 809	12 849	128 169	150 827
19	Olt	19	10	29	—	—	—	6 856	701	—	1 904	4 681	2 876	9 462
20	Prahova	30	42	72	—	14 974	7 550	12 515	34	—	8 101	14 097	20 976	43 174
21	Putna	17	5	22	3 200	6 069	16 133	1 077	572	—	3 457	12 458	14 593	30 508
22	R.-Sarat	26	13	39	—	5 806	2 722	8 885	760	—	1 991	5 300	12 872	20 163
23	Roman	15	—	15	—	—	4 948	234	613	—	475	223	5 571	6 269
24	Romanatzi	25	10	35	—	—	25	9 428	1 030	98	2 976	2 760	7 818	13 554
25	Suceava	13	2	15	1 960	17 750	8 601	—	67	—	2 715	1 310	27 068	31 093
26	Tecuci	13	2	15	—	—	6 410	2 254	696	—	1 688	2 010	7 350	11 048
27	Teleorman	23	3	26	—	—	—	6 577	1 117	—	2 740	772	6 923	10 435
28	Tulcea	56	—	56	—	—	29 581	46 569	3 829	—	26 660	—	79 979	106 639
29	Tutova	12	8	20	—	—	6 064	3 533	—	—	2 272	735	8 862	11 859
30	Vaslui	16	3	19	—	—	8 706	441	48	—	749	439	8 756	9 944
31	Vâlcea	15	41	56	6 325	17 571	6 753	14 910	759	—	7 548	44 972	1 346	53 866
32	Vlaşca	43	5	48	—	—	1 944	27 058	4 169	—	2 304	1 755	31 416	35 475
	Tot. et moy.	725	397	1122	119 636	210 239	267 874	275 739	38 630	9 530	163 389	322 560	599 084	108 5033

Dans 12 départements ce rapport est compris entre 2 et 8%, ces départements étant tous situés en plaine.

D) Exploitations

Dans ce chapitre et dans celui où nous parlerons des aménagements, nous nous occuperons spécialement des forêts de l'État, les seules pour lesquelles nous ayons des données exactes.

Pour ce qui concerne les forêts des autres propriétaires, nous n'en parlerons qu'en passant.

L'État est le plus grand propriétaire forestier en Roumanie et ce vaste domaine, qui représente 39% de la surface totale boisée du pays, provient de la sécularisation des biens de l'Église faite en 1859.

Nous donnons plus bas, pour plus de facilité, un tableau des forêts domaniales, par département, envisagées à tous les points de vue.

TABLEAU III.

Traitements					Surface exploitée et revenu pendant la période de dix ans 1889—1899								
Taillis		Futaie											
Simple et furté	Composé	Régulière	Jardinée	Coupe à blanc-étoc	Surface exploitée	Arbres exploités	Revenu des produits principaux	Valeur moyenne par hectare	Valeur moyenne par arbre	Revenu des produits accessoires	Total des revenus	Revenu brut annuel par hectare	No. d'ordre
16	17	18	19	20	21	22	23	24	25	26	27	28	29
Hect.	Hect.	Hect.	Hect.	Hect.	Hect.		Fr.	Fr.	Fr. C.	Fr.	Fr.	Fr. C.	
633	2 570	466	600	—	686	1 023	422 436	691	5 55	672 399	1 094 895	1 60	1
66	4 302	3 972	13 367	30 898	1 013	80 658	587 541	276	3 20	326 605	914 146	1 45	2
18	1 336	—	—	5 475	695	—	351 013	428	—	114 110	465 153	5 75	3
5 776	—	—	—	—	1 789	—	313 042	228	—	48 545	361 587	4 65	4
2 205	10 280	—	347	—	1 765	—	1 104 095	635	—	299 667	1 403 762	3 80	5
5 629	—	—	—	—	—	—	411 305	—	—	19 072	430 377	1 55	6
1 137	1 157	—	—	1 695	1 109	—	264 242	298	—	80 911	345 153	5 35	7
523	21 915	2 613	—	...	3 689	11 308	2 718 014	710	2 55	453 333	3 171 347	6 95	8
8 123	1 465	—	—	7 396	3 748	—	1 516 165	414	—	257 889	1 774 054	4 70	9
20	1 583	720	—	2 211	565	—	239 575	397	—	83 855	323 430	6 10	10
1 100	3 004	—	—	5 695	2 231	—	864 584	325	—	68 455	933 039	7 85	11
240	1 032	5 874	—	1 398	788	—	237 108	287	—	109 455	346 563	0 75	12
7 575	—	—	—	—	2 918	—	671 632	360	—	113 107	784 739	6 80	13
827	4 772	—	—	10 148	1 585	—	624 084	416	—	156 853	780 937	4 45	14
11 734	7 154	2 446	—	282	4 981	—	3 421 284	675	—	916 100	4 337 484	16 45	15
1 792	2 305	2 078	—	18 532	1 634	—	494 820	370	—	165 925	660 745	1 55	16
460	2 248	396	2 339	2 581	1 865	11 401	834 247	571	9 40	570 248	1 401 495	1 90	17
271	2 009	1 359	87 257	37 273	2 510	267 091	2 029 895	352	3 30	1 000 807	3 030 702	2 —	18
476	1 037	1 363	—	—	917	8 988	675 755	558	22 60	171 671	847 426	8 95	19
1 334	6 510	11 001	2 132	·	3 522	14 967	2 671 102	771	10 10	411 238	3 082 340	7 15	20
1 610	5 142	7 841	—	—	1 206	—	450 442	302	—	155 812	606 254	2 —	21
1 237	8 365	1 670	1 600	—	1 816	3 167	821 217	448	2 35	199 394	1 020 611	5 05	22
124	912	—	—	4 535	738	—	254 090	244	—	70 819	324 909	5 20	23
2 192	1 359	106	—	4 160	1 348	—	863 168	686	—	268 678	1 131 846	8 35	24
87	361	2 893	1 960	21 767	780	12 386	352 238	323	5 50	248 486	600 724	1 95	25
677	1 868	—	—	4 806	1 158	—	337 051	306	—	83 076	420 127	3 80	26
3 915	2 224	784	—	—	2 510	6 495	986 493	508	4 25	237 851	1 224 344	11 75	27
79 979	—	—	—	—	—	—	1 273 352	—	—	69 587	1 342 939	1 20	28
—	1 414	—	—	7 448	1 121	—	538 945	466	—	156 328	695 273	5 85	29
68	3 698	—	—	4 990	1 105	7 166	601 595	446	2 90	104 509	706 104	7 10	30
4	628	153	—	562	920	—	580 002	525	—	317 693	897 695	1 65	31
19 247	5 956	6 214	—	—	7 057	—	3 585 165	524	—	637 707	4 222 872	11 80	32
159 077	106 605	51 949	109 602	171 851	57 769	424 650	31 095 727	451	6 55	8 590 185	39 685 913	3 65	

Ce tableau nous permet de voir que l'État possède aujourd'hui 1122 forêts disséminées dans tous les départements et représentant une surface boisée de 921.643 hectares.

Avant d'aborder le sujet des exploitations proprement dites, voyons quelle est la surface occupée par chaque essence dans les forêts domaniales.

Nous avons divisé ces essences en 6 groupes (colonnes 6-11), savoir :

a) *Résineux purs: Sapin et Épicéa* . . . . 119636 hectares
b) *Hêtre pur ou en mélange avec les résineux* . . . . . 210239 „
c) *Essences mélangées : hêtre, chêne, charme, orme etc.* . 267848 „
d) *Chêne pur ou prédominant* . . . . 275738 „
e) *Bois blancs: peuplier, saule, etc* . . . . 38652 „
f) *Robinier faux acacia* . . . . 9530 „

Total . . . 921643 „

L'examen du tableau nous fait voir que le département de Neamtz est celui qui possède le *plus de résineux*, 67.300 hectares, puis immédiatement après, Bacau, avec 15.000 hectares.

Le département qui en renferme le moins est celui d'Argeș avec 1400 hectares.

Ce sont les mêmes départements qui contiennent le plus de *Hêtre pur ou en mélange avec des résineux :* Neamtz, avec 64.000 hectares; Bacau, avec 30.000 hectares.

Celui qui en contient le moins est le département de Buzeu avec 1086 hectares.

Les départements contenant le plus de *forêts composées d'essences mélangées*, c'est-à-dire le plus de forêts de collines, sont les départements d'Argeș, avec 34.000 hectares et Muscel, avec 33.000 hectares; celui qui en renferme le moins est le département de Dolj, avec 65.000 hectares.

Le département renfermant le plus de *forêts de chêne pur ou prédominant* est Tulcea avec 46.569 hectares, mais ces forêts sont généralement dévastées, — elles l'étaient déjà du temps de la domination turque; viennent ensuite: Méhédintz, avec 30.000 hectares; Vlasca, avec 27.000 hectares ; et Dolj avec 23.000 hectares. Celui qui en renferme le moins est le département de Braila, avec 127 hectares.

La plus grande étendue de *forêts de bois blancs*,— désignées dans le pays sous le noms de „*Zăvoae et Ostroave*", se trouve dans le département de Braila qui en renferme 5600 hectares; viennent ensuite: Vlașca, Ialomi-tza, Tulcea, Constantza, c'est-à-dire les *rives* du Danube.

Le département qui en renferme le moins est celui de Botoșani avec 18 hectares.

Enfin, les plantations de *Robinier* n'ont été faites que dans les *sibles mouvants* et le *Baragan*. Les seuls départements, qui en possèdent sont: Dolj, 4418 hectares; Ialomitza, 2160 hectares; Braila, 1894 hectares; Constantza, 960 hectares, et Romanatzi, 98 hectares. En continuant l'examen du tableau précédent nous voyons:

a) Que sur 1122 forêts que possède l'État, il y en a 725 qui ont été mises en exploitation, dans le courant des dix dernières années 1889-99, représentant une superficie de 599.084 hectares. Dans les 397 autres, qui représentent une superficie de 322.560 hectares, on n'a fait aucune exploitation. Peut-être y a-t-on fait par ci par là des extractions de bois morts ou dépérissants, mais c'est tout.

b) Que presque toutes les forêts de plaine sont en exploitation ou exploitées déjà. Les rares exceptions sont constituées par les forêts ruinées par les exploitations barbares faites du temps des moines ou par les pâturages abusifs pratiqués jusqu'en ces derniers temps.

Des 397 forêts qui ne sont pas mises en exploitation, la majorité se trouve en montagne où les moyens de transport manquent. Ainsi, toutes les forêts sont en cours d'exploitation dans les départements de Tulcea, Botoșani, Braila, Faleiu et Roman; dans le Telcorman, 3 seulement des forêts sur 26 ne sont pas mises en coupe; dans le Dorohoi, 1 sur 11; tandis que dans le département de Muscel, il y en a 41 sur 57 représentant 504 hectares, dans Vêlcea 41 sur 56 représentant 44.972 hectares, dans l'Argeș 28 sur 50 ayant une superficie de 50.802 hectares.

La plus petite surface de forêts non exploitées se trouve dans le département de Dorohoi et elle est de 12 hectares.—(Voir carte No. 18).

Les traitements appliqués aux 725 forêts actuellement en cours d'exploitation sont:

```
Taillis simple  . . . . . . . . . . . . . . . .  159077 hectares
    „    composé . . . . . . . . . . . . . . .  106605    „
Futaie régulière . . . . . . . . . . . . . . .   51949    „
    „    jardinée . . . . . . . . . . . . . . .  109602    „
Méthode de la coupe unique . . . . . . . .  171851    „
                                Total . . .  599084    „
```

Le taillis simple ne produit que du bois de chauffage et il n'est appliqué en général qu'aux forêts de plaine dégradées, ou aux „*Zàvoìe* et *Ostroave*". C'est à cause de cela que, dans le département de Tulcea — de l'état des forêts duquel nous avons parlé plus haut — nous trouvons 79.979 hectares de taillis simple, viennent ensuite:

Vlasca	avec	19247 hectares
Ilfov	„	11734 „
Dolj	„	8123 „
Ialomitza	„	7574 „
Braila	„	5776 „
Constantza	„	5629 „
	Total . . .	138062 „

Ce traitement s'applique donc principalement aux forêts de bois blancs et aux forêts dégradées; cela est prouvé d'ailleurs par ce fait que, dans 7 départements seulement, tous situés en plaine, ce traitement représente 86% de la surface totale à laquelle il est appliqué. C'est en montagne que ce traitement est le moins appliqué, et dans le département de Vêlcea il n'y a que 4 hectares de forêts soumises à ce traitement. (Voir Carte No. 19).

Le taillis composé. Bien que ce traitement soit moins répandu que le taillis simple et que la futaie, on peut dire cependant qu'il est le traitement principal dans notre pays.

En particulier il est appliqué à presque toutes les forêts de collines et de plaine.

Aussi, c'est dans les départements de ces régions qu'il est le mieux représenté. Savoir :

Dambovitza	avec	21915 hectares
Buzeu	„	10280 „
R.-Sarat	„	8365 „
Ilfov	„	7154 „
Prahova	„	6510 „
Vlasca	„	5956 „
Putna	„	5142 „
	Total . . .	65722 „

Par conséquent, 7 départements sur 32 renferment à eux seuls 61 % de toute la surface des forêts exploitées en taillis composé.

Les départements qui sont de ce chef les moins importants sont: Roman avec 912 hectares, Vêlcea avec 627 et Succava avec 361 hectares. (Voir carte No. 20).

La futaie est le traitement auquel on tend à soumettre aujourd'hui toutes les forêts importantes, quelle que soit leur situation. Cette tendance n'existe que depuis quelques années, de sorte qu'on peut dire que l'on n'est qu'au début de l'application de ce traitement, bien que la surface qui lui est affectée représente à peu près le ⅓ de la surface totale des forêts domaniales.

Cette conversion s'imposait jusqu'à un certain point, par la dépréciation du bois de chauffage que les forêts particulières suffisent amplement à fournir.

Les départements renfermant les plus grandes surfaces de forêts traitées en futaie sont :

```
Neamtz  . . . . . . . . . . . . . . . . . . .  125889  hectares
Bacau . . . . . . . . . . . . . . . . . . . .   48237    „
Suceava . . . . . . . . . . . . . . . . . . .   26520    „
Mehedintz . . . . . . . . . . . . . . . . .     20610    „
                              Total . . .      221256    „
```

Viennent ensuite : Prahova, avec 13.133 [hect.] et Iassy avec 10.148 hectares.

Enfin les moins importants sont: Teleorman, avec 784 [hect.] ; Vâlcea, avec 715 hectares et Buzeu avec 347 hectares. (Voir carte No. 21).

En Roumanie ce n'est pas tant l'importance d'une forêt qui a décidé de sa mise en exploitation, que les moyens de transport. C'est ainsi que dans les départements de Muscel, Arges, Vâlcea, Gorj, où nous avons de très beaux massifs forestiers (spécialement dans la partie montagneuse de Muscel) la surface en exploitation ne représente que 10—15% à peine de la surface totale des forêts.

On en conclut donc que, pour un grand nombre des forêts importantes de l'État, c'est le manque de routes qui empêche la réalisation du capital qui s'y trouve accumulé depuis des centaines d'années; aussi un grand nombre de ces forêts sont encore vierges.

L'existence d'un fonds de mise en valeur des forêts de l'État s'imposait donc et sa création fut décidée par la loi du 17 Mai 1892. Supprimé en 1896, ce fonds a été rétabli par la loi de 1900 qui prévoit que l'on devra prélever 2% sur le revenu des forêts, pour sa formation.

Nous disions plus haut qu'à cause du manque de moyens de transport l'État avait dû étendre ses exploitations surtout aux forêts de la région de plaine où l'on ne trouve presque plus de forêts exploitables aujourd'hui.

En effet, si nous nous reportons à la colonne 21 du tableau précédent, nous voyons que l'on a exploité dans les dix dernières années seulement, de 1889-99, dans les départements de plaine comme:

```
Telcorman. . . . . . . . . . . . 25 % de la surface des forêts
Braila . . . . . . . . . . . . . . 23 %  „   „    „    „    „
Ilfov . . . . . . . . . . . . . . 22 %  „   ‑    „    „    „
Ialomitza . . . . . . . . . . . . 22 %  „   „    „    „    „
Vlasca . . . . . . . . . . . . . 19 %  „   „    „    „    „
Covurlui . . . . . . . . . . . . 17 %  „   „    „    „    „
```

tandis que dans les départements situés en montagne les exploitations sont bien plus réduites. Ainsi dans:

```
Muscel on a exploité . . . . . . 2 % de la surface des forêts
Vèlcea   „       „     . . . . . 1,8 0  „   „    „    „    „
Neamtz   „       „     . . . . . 1,2 %  „   „    „    „    „
Arges    „       „     . . . . . 1 %    „   „    „    „    „
```

Nous en déduisons donc que: *l'État voit aujourd'hui s'épuiser celles de ses forêts où les moyens de transport sont faciles et par conséquent, il doit tourner ses regards vers les forêts de la région montagneuse.*

C'est assez dire que l'augmentation du fonds pour la mise en valeur de ses forêts s'impose, quel que soit le mode de traitement choisi.

Dans les dix dernières années, on a parcouru, par des coupes de futaie et de taillis, une surface de 57.769 hect., c'est-à-dire $^1/_1$: du domaine forestier de l'État. Nous en déduisons que: *au point de vue des exploitations nous sommes au-dessous de la possibilité normale qui pourrait en terme moyen correspondre à une révolution de 130 ans.*

Parmi cet 57.769 hect., plus de 80 % ont été parcourus par des coupes exploitées par contenance et 20 % par des coupes exploitées par pied d'arbre, sous forme de futaie jardinée ou de futaie régulière par la méthode du réensemencement naturel.

C'est ainsi que dans la colonne 22 du tableau on trouve 42.000 arbres exploités annuellement, parmi lesquels la majorité est formée de résineux.

Les colonnes 23, 24, 25, 26, et 27 nous montrent les revenus bruts moyens des produits principaux et accessoires. On voit que, dans les dix dernières années, le revenu brut moyen a été de 4 millions de francs, dont plus de 3 millions pour les produits principaux et moins de 1 million pour les produits secondaires : bois morts, foin, prairies, pâturages etc.

Les départements ayant donné le plus grand revenu sont :

```
Vlasca . . . . . . . avec une moyenne annuelle de 359000 francs
Ilfov . . . . . . .   .    ..      .    .  342000   "
Dambovitza . . .      .    ..      "    .  272000   "
Prahova . . . . .  ..  .    ..      "    "  267000   "
Neamtz . . . . .   ,    "    "      "    .  202000   "
```

Tous ces départements se trouvent aux environs de la capitale, à l'exception de Neamtz qui se trouve dans des conditions particulières par le fait de la concession accordée par l'État à la fabrique de papier de Letea.

La valeur moyenne d'un hectare de forêt est de 451 frs. et les départements où l'hectare de forêt a été vendu le plus cher sont : Prahova 171 frs., Dambovitza 710 frs., Ilfov 675 frs. C'est dans le département de Braila qu'il s'est vendu le moins cher : 228 frs. (bois blancs).

Pour les départements de Tulcea et de Constantza, nous n'avons pas pu faire la moyenne par hectare, car, bien que connaissant les revenus obtenus, nous ne connaissons pas la surface exploitée qui, pour différentes raisons, n'a pas été mesurée en Dobrogea.

La valeur moyenne d'un arbre dans les coupes de futaie est de 6 frs. 55; le prix le plus élevé est de 22 fr. 60 dans l'Olt pour les chênes séculaires (Quercus conferta) sains ou dépérissants; on arrive ensuite dans le département de Prahova à 10 frs. 10 centimes l'arbre; puis 9 frs. 40 dans Muscel, généralement pour des résineux. Enfin dans le département de R.-Sarat le prix moyen de l'arbre est de 2 frs. 35.

La colonne 28 nous fournit le *revenu brut par an et par hectare* de tout le domaine forestier : *Ce revenu est de 3 fr. 60 centimes.*

Les départements donnant le revenu le plus élevé sont : Ilfov 16 frs. 15 ; Vlasca 11 fr. 80; Teleorman 11 frs. 75.

Dans 13 départements ce revenu varie entre 5 et 10 fr. à commencer par Romanatzi qui donne 8 fr. et en terminant par R.-Sarat qui donne 5 frs. 05.

Pour 14 autres départements, ce revenu varie entre 1 et 5 fr. et dans le Gorj il est à peine de 0 frs. 75. (V. Carte No. 24).

Nous déduisons de ce qui précède que, en matière forestière, l'offre et la demande ont une tout aussi grande influence sur les prix du bois que les moyens de transport et le voisinage des centres de consommation.

Ainsi, dans le département d'Ilfov où la population est la plus dense et les moyens de transport faciles, mais où la surface boisée est relativement plus petite, nous trouvons proportionnellement le revenu le plus élevé, car, en même temps que les prix ont été plus élevés, la surface exploitée a été aussi plus grande.

Au contraire, là où la population est moins dense, où les forêts occupent de plus grandes étendues, mais où les moyens de transport sont difficiles et les principaux centres de consommation éloignés, les surfaces exploitées sont moindres et les prix de l'unité de volume plus faibles, par suite les revenus sont moindres aussi. C'est le cas dans les départements de Gorj, Vâlcea, Argeş, Muscel, etc.

Il eût été intéressant de faire les mêmes comparaisons pour le revenu net, mais on n'a pu le faire parce que la Division de la comptabilité du Ministère de l'Agriculture, de l'Industrie, du Commerce et des Domaines, tient ses livres par chapitre du budget et en bloc, sans faire la répartition pour chaque département.

Nous devons donc nous contenter du chiffre du revenu net pour tout le pays et qui est de 2 frs. 30 par hectare et par an.

Ce chiffre est assez faible, mais son exiguïté ne provient pas tant du bon marché que de la mauvaise qualité des produits ligneux mis en vente dans notre pays et des trop petites surfaces exploitées annuellement.

Car ces 2 frs. 30 représentent le revenu net pour toute la surface boisée de 1.085.000 hectares et non pas seulement pour la surface exploitée dans les dix dernières années.

Nous en déduisons donc *que l'État, au point de vue de ses exploitations forestières, est au-dessous de la possibilité normale de ses forêts et que par conséquent il a dans ces forêts de grands capitaux accumulés, qu'il doit faire fructifier.*

Si on cherche à voir quel est le rapport entre les dépenses et les revenus, nous trouvons que ce rapport est sensiblement égal à $1/7$.

Ce rapport diffère de celui qui existe entre les mêmes quantités dans d'autres pays : ainsi en Autriche il est égal à $1/5$ et en France à $1/2$ et cependant le revenu net par hectare et par an est de 10—20 francs. Ceci nous indique suffisammnet que l'État Roumain se trouve encore au début de ses travaux forestiers et qu'il n'est pas encore entré dans la voie des exploitations systématiques qui réclameraient des dépenses plus grandes, — plus de la moitié du revenu brut peut-être, — mais qui devraient naturellement élever le taux du revenu net à l'hectare.

Ces dépenses ne seraient absolument nécessaires que pour l'amélioration des voies de vidange et pour leur création, là où elles manquent totalement.

Nous aurions désiré donner le chiffre de la production annuelle des forêts de l'État, en matière ligneuse, mais, pour des raisons qu'il n'y a pas lieu d'énumérer ici, nous avons dû y renoncer.

En ce qui concerne les forêts des particuliers soumises au régime, la meilleure mesure qu'on ait prise à leur égard est qu'elles ne peuvent être exploitées sans un aménagement décrété, car leur conservation est ainsi assurée, jusqu'à un certain point. Les forêts des particuliers non soumises au régime sont exploitées en général par leurs propriétaires sans aucune mesure et selon les besoins du moment. Il n'y a d'exception que pour quelques grands propriétaires forestiers qui ont un personnel spécial et exploitent systématiquement leurs forêts.

Les exploitations forestières des Établissements publics sont conduites, comme celles de l'État, par des agents forestiers propres à chaque administration.

E) Aménagements

L'article 4 du code forestier promulgué en 1881, dispose :

„Les forêts soumises au régime forestier ne pourront être exploitées que d'après un aménagement fait par une commission spéciale et approuvé par décret royal".

La commission d'aménagement se compose d'au moins trois agents forestiers directs de l'État. L'aménagement une fois approuvé ne peut plus être modifié.

Cet article s'applique donc à toutes les forêts, indépendamment de la nature du propriétaire.

L'article 6 de la même loi fixe au service forestier de l'État un délai de 15 ans, à partir de la date de la promulgation du code, pour terminer les aménagements de toutes les forêts soumises au régime.

Il ressort du texte même de la loi que l'intention du législateur a été de mettre une barrière aux exploitations irrégulières d'autrefois et de les rendre systématiques en les basant sur un aménagement régulier. En un mot, une ère nouvelle devait commencer pour les forêts.

Toutefois comme on ne pouvait, pour des raisons financières, arrêter brusquement les exploitations tant dans les forêts de l'État que dans celles des particuliers, que d'autre part en 1881 l'État ne disposait que d'un personnel très restreint, — à peine 53 agents de différents grades et ayant de nombreuses attributions, — pour l'administration de ses forêts dont l'étendue dépasse 1 million d'hectares et pour l'aménagement des forêts de toute nature soumises au régime forestier et couvrant une surface de plus de 2.000.000 d'hectares, il a été nécessaire de revenir sur l'art. 6 et d'accorder, en vertu de lois spéciales, un sursis de 7 ans pendant lequel les forêts pourraient être exploitées en vertu d'une étude sommaire.

Parmi les différents propriétaires, il n'y a que l'État, le Domaine de la Couronne et les Établissements publics, ayant tous un personnel spécial, qui aient usé de ces lois.

Les communes, les Églises et les particuliers ont été forcés de demander l'aménagement de leurs forêts avant l'exploitation et leur demande a toujours été satisfaite dans les délais prévus par le Règlement dans lequel il est dit que, si l'aménagement n'est pas fait dans un délai de 18 mois, le propriétaire peut exploiter sa forêt sans aménagement.

Le propriétaire auquel on aménage la forêt est obligé de payer, conformément aux articles 25 et 26 du règlement, 2 fr. pour le lever du plan et l'aménagement d'un hectare de forêt située en montagne ou en collines, et 1 fr. 50 c. pour les forêts de plaine. Quand le plan de la forêt existe, ces prix sont réduits au ⅓.

Le sursis de 7 ans, dont il a été parlé plus haut s'est répété successivement jusqu'en 1896 quand, par une loi votée le 22 Mars de la même année, l'article 6 du Code Forestier a été modifié. Cette modification prévoit que l'aménagement des forêts soumises au régime forestier devra se faire dorénavant dans la mesure des ressources dont on pourra disposer et que l'on continuera les exploitations comme par le passé en se basant sur des études sommaires.

La loi prévoit en outre que le Ministère des Domaines devra publier au *Moniteur Officiel* une liste nominative des sylviculteurs reconnus comme étant en droit de faire les aménagements.

Cette modification rendit plus facile la tâche de l'État, en ce qui concerne les aménagements des forêts soumises au régime et dès lors le personnel restreint dont il disposait, pouvait être employé exclusivement pour ses forêts.

Bien que le nombre de ses agents forestiers ait été assez petit et n'ait été augmenté que lentement, toutefois par des commissions spéciales l'État a fait aménager une bonne partie de son domaine forestier. Il en est de même pour les Établissements publics de Bucarest et de Iassy, qui disposent d'un personnel forestier. Quant aux forêts des Églises, des communes et des particuliers, elles ont été aménagées par les agents forestiers de l'État.

Malgré toutes les difficultés énumérées plus haut, nous pouvons voir que, à la fin de l'année 1898, c'est-à-dire 17 ans après la promulgation du code forestier, la situation des forêts aménagées est la suivante :

T A Б

indiquant le rapport qui existe entre la surface totale des forêts soumises
et la surface des forêts aménagées jusqu'en 1899, pour

No. d'ordre	Nom du département	Surface des forêts de l'État								Surface des forêts du domaine de sements publics et			
		Total par département	Avec aménagement décrété							Total par département	Avec aména		
			Futaie		Taillis composé		Taillis simple		TOTAL			Futaie		Taillis composé
1	2	3	4		5		6		7		8	9		10
		Hect.	Hect.	a.	Hect.	a.	Hect.	a.	Hect.	a.	Hect.	Hect.	a.	Hect.	a.
1	Argeș	67 571	10 810	—	—	—	—	—	10 810	—	17 163	1 605	10	265	87
2	Bacau	63 320	13 522	18	2 711	82	—	—	16 234	—	7 012	462	06	56	03
3	Botoșani	8 065	—	—	—	—	—	—	—	—	637	—	—	—	—
4	Braila	7 764	—	—	—	—	—	—	—	—	715	—	—	—	—
5	Buzeu	37 422	—	—	485	—	—	—	485	—	1 940	—	—	109	87
6	Constantza	28 903	—	—	—	—	—	—	—	—	6 386	—	—	—	—
7	Covurlui	6 461	—	—	—	—	—	—	—	—	—	—	—	—	—
8	Dambovitza	45 725	—	—	—	—	155	—	155	—	3 776	2 151	70	553	24
9	Dolj	37 733	499	03	403	97	—	—	903	—	4 995	—	—	566	10
10	Dorohoi	5 279	861	—	—	—	—	—	861	—	2 856	—	—	—	—
11	Falciu	11 900	—	—	—	—	—	—	—	—	717	—	—	—	—
12	Gorj	46 125	472	—	—	—	—	—	472	—	5 763	917	77	69	—
13	Ialomitza	13 675	—	—	—	—	27	—	27	—	1 236	—	—	—	—
14	Iassy	17 573	—	—	2 598	—	—	—	2 598	—	1 557	—	—	—	—
15	Ilfov	26 358	1 839	20	2 877	36	2 110	44	6 827	—	5 390	—	—	575	50
16	Mehedintzi	42 233	1 986	—	—	—	—	—	1 986	—	2 293	—	—	—	—
17	Muscel	74 600	12 482	—	—	—	—	—	12 482	—	2 370	35	—	55	68
18	Neamtz	150 827	13 832	—	101	—	—	—	13 933	—	14 192	—	—	—	—
19	Olt	9 462	1 663	54	374	46	—	—	2 038	—	1 346	—	—	—	—
20	Prahova	43 174	1 149	64	225	36	—	—	1 375	—	32 223	4 170	60	421	14
21	Putna	30 508	94	—	—	—	—	—	94	—	3 623	40	—	—	—
22	R.-Sarat	20 163	—	—	1 610	—	—	—	1 610	—	775	—	—	—	—
23	Roman	6 269	—	—	—	—	—	—	—	—	3 341	—	—	—	—
24	Romanatzi	13 554	677	—	—	—	—	—	677	—	4 925	3 218	26	—	—
25	Succava	31 093	3 355	—	—	—	—	—	3 355	—	40 540	—	—	213	08
26	Tecuciu	11 048	—	—	—	—	—	—	—	—	123	—	—	—	—
27	Teleorman	10 435	286	12	96	88	—	—	383	—	1 589	—	—	906	60
28	Tulcea	106 639	—	—	—	—	1 970	—	1 970	—	9 135	—	—	—	—
29	Tutova	11 869	—	—	—	—	—	—	—	—	1 014	—	—	—	—
30	Vaslui	9 944	—	—	—	—	—	—	—	—	8 925	—	—	—	—
31	Vâlcea	53 866	—	—	538	—	—	—	538	—	1 515	—	—	—	—
32	Vlașca	35 475	6 213	20	3 231	50	8 557	30	18 002	—	2 535	—	—	1 495	10
	Totaux	1 085 033	69 741	91	15 253	35	12 819	74	97 815	—	196 174	12 600	49	5074	08

Ce tableau nous permet de voir que :

1) L'État a aménagé une surface de . . 97.814 hectares soit 9% de son domaine
2) Les Établissement publics une surface de 27.558 » » 14% » » »
3) Les particuliers 1) une surface de . . 184.428 » » 22% » » »

Total . . . 309.800 » » 15% » » »

Si nous entrons dans plus de détails, nous voyons que l'État, sur 97.814
hectares de forêts aménagées, a :

69.741 hectares aménagés en futaie
15.253 » » en taillis simple
12.820 » » en taillis composé

---

1. Dont les forêts sont soumises au régime.

L E A U IV.

au régime forestier conformément aux articles 11 et 13 du Code Forestier chaque département et par catégorie de propriétaires.

	la Couronne, des Établis des Communes			Surface des forêts particulières soumises au régime forestier								Taux des forêts soumises au régime forestier, dont l'aménagement est décrété	No. d'ordre
	gement décrété		TOTAL par département	Avec aménagement décrété									
	Taillis simple	TOTAL		Futaie		Taillis composé		Taillis simple		TOTAL			
col.	11	12	13	14		15		16		17		18	19
units	Hect. / a.	Hect. / a.	Hect.	Hect.	a.	Hect.	a.	Hect.	a.	Hect.	a.		
	412 40	2 283 37	58 502	—	—	1 147	09	2 587	16	3 734	25	11	1
	— —	518 09	136 325	61 206	71	3 310	47	1 545	40	66 062	58	40	2
	— —	— —	33 846	—	—	—	—	—	—	—	—	—	3
	— —	— —	—	—	—	—	—	—	—	—	—	—	4
	400 67	510 54	66 519	5 179	70	1 726	37	565	78	7 471	85	8	5
	610 —	610 —	—	—	—	—	—	—	—	—	—	1	6
	— —	— —	110	—	—	—	—	—	—	—	—	—	7
	1 071 06	3 776 —	48 707	2 917	44	2 151	64	4 943	46	10 012	54	14	8
	1 921 73	2 487 83	5 126	—	—	—	—	—	—	—	—	6	9
	— —	— —	28 837	—	—	—	—	—	—	—	—	2	10
	— —	— —	11 476	—	—	—	—	—	—	—	—	—	11
	71 97	1 058 74	133 461	6271 88		2 535	76	4 688	60	13 496	24	8	12
	230 94	230 94	—	—	—	—	—	—	—	—	—	1	13
	56 67	56 68	18 187	—	—	—	—	—	—	—	—	8	14
	1 380 02	1 955 52	2 280	—	—	—	—	—	—	—	—	25	15
	848 76	848 76	48 646	6 089	29	—	—	90	31	6 179	60	9	16
	— —	90 63	71 630	4 937	75	1 201	49	9 950	03	16 089	27	9	17
	— —	— —	50 592	41 774	81	1 613	19	—	—	43 388	—	26	18
	158 30	158 30	550	—	—	—	—	—	—	—	—	19	19
	343 30	4 935 04	50 224	8671	91	—	—	762	81	9 434	72	12	20
	— —	40 —	74 850	24 131	49	349	24	2 371	68	26 852	41	24	21
	— —	— —	42 357	11 797	77	769	40	—	—	12 567	17	22	22
	— —	— —	2 069	—	—	—	—	—	—	—	—	—	23
	33 50	3 251 76	90	—	—	—	—	—	—	—	—	21	24
	— —	213 08	55 263	10 600	—	286	—	—	—	10 886	—	11	25
	— —	— —	16 789	—	—	784	—	792	18	1 576	18	5	26
	155 57	1 062 17	2 260	—	—	—	—	—	—	—	—	10	27
	1 444 75	1 444 75	—	—	—	—	—	—	—	—	—	3	28
	— —	— —	860	—	—	—	—	—	—	—	—	—	29
	— —	— —	13 847	—	—	—	—	—	—	628	43	0,4	30
	2 85	2 85	85 432	850	—	628	43	519	24	1 679	24	6	31
	437 36	1 922 47	—	—	—	250	—	—	—	—	—	52	32
	9 883 40	27 557 97	1 058 835	184 428	75	16 753	08	28 876	65	230 058	48	15	

Il y a donc une tendance vers le traitement de la futaie qui, comme nous l'indiquent les chiffres précédents, est appliqué à plus de 70 % de la surface totale des forêts aménagées, tandis que le taillis n'est plus qu'un traitement accessoire appliqué là où la nature des essences ou l'état des peuplements ne permet pas d'en appliquer un autre.

Sur les 69.741 hectares aménagés en futaie, la plus grande partie est traitée en futaie jardinée, car ce sont des forêts de montagne. Le régime de la futaie régulière avec la méthode du réensemencement naturel, n'a été appliqué qu'à quelques forêts de collines et de plaine, de faible étendue.

La surface des forêts de l'État en cours d'exploitation est représentée par :

333.402 hectares de futaie
106.605 „ de taillis composé
159.077 „ de taillis simple

Ce sont donc des surfaces respectives de beaucoup supérieures à celles des forêts aménagées. Cela provient de ce qu'une grande partie de ces forêts est exploitée, comme nous l'avons déjà dit plus haut, en vertu d'une simple étude sommaire approuvée par le conseil technique. La surface des forêts aménagées représente à peine $^1/_6$ des forêts exploitées.

La plus grande surface de forêts aménagées se trouve dans les départements de Vlașca, 18.002 hectares et Bacau, 16.234, au total 34.236 hectares, ce qui représente plus de 25 °/₀ de la surface totale des forêts aménagées.

Dans les départements de Botoșani, Braila, Constantza, Covurlui, Falciu, Roman, Tecuci, Tutova et Vaslui, l'État n'a pas une seule forêt aménagée.

Pour bien saisir le rapport existant dans chaque département entre les forêts aménagées et celles non aménagées, voir la carte No. 23.

Les Établissements publics ont 27.558 hectares de forêts aménagées appartenant pour la plupart aux hôpitaux civils de Bucarest et St. Spiridon de Iassy.

Sur ce nombre il y a :

126.000 hectares traités en futaie
5074 „ „ en taillis composé
9883 „ „ en taillis simple

Nous voyons qu'ici la surface du taillis simple est supérieure à celle du taillis composé ; cela tient à ce qu'on a aménagé ainsi plusieurs forêts qui étaient en très mauvais état et que l'on s'est hâté de commencer les exploitations pour obtenir une régénération par la souche et avoir une meilleure forêt pour l'avenir.

On voit par le tableau précédent que, dans 10 départements sur 32, les Établissements publics n'ont pas de forêts aménagées ; que, dans les départements de Dâmbovitza, Dolj, Ilfov, Teleorman, Romanatzi et Vlașca, la surface des forêts aménagées est supérieure à 50 °/₀ de la surface totale; enfin, tandis que les Établissements publics ont 14 °/₀ de leurs forêts aménagées, l'État n'en a que 9°/₀.

Les forêts des particuliers soumises au régime forestier représentent aujourd'hui une surface de 1.508.8354 hectares dont :

184.429 hectares aménagés en futaie
16.753 „ „ en taillis composé
28.876 „ „ en taillis simple
Soit un total de : 230.058 hectares qui représentent 22% de la surface totale.

On voit donc que les particuliers ont aménagé une plus grande partie de leurs forêts que l'État. Cela tient à ce que ce dernier n'a pas exploité tout ce qu'il aurait pu de ses forêts, pendant que les particuliers, pour pouvoir satisfaire à des besoins multiples, ont dû exploiter une grande partie des leurs et par conséquent, conformément à la loi, demander leur aménagement.

Nous voyons aussi que le taillis simple dépasse de 50% le taillis composé. Cela tient à ce qu'une grande partie de ces forêts se trouve dans un mauvais état, et qu'on a dû les exploiter en vue d'obtenir une régénération par la souche.

Les forêts particulières aménagées en futaie sont traitées exclusivement en futaie jardinée. Les départements qui renferment le plus de ces forêts sont : Bacau avec 61.207 h·, Neamtz avec 41.775 h· et Putna avec 2413 h· Ces 3 départements renferment plus de 50% de la surface totale des forêts particulières aménagées.

Dans 17 départements les particuliers n'ont aucune forêt aménagée.

Si l'on cherche enfin à voir quel est le rapport qui existe entre la surface aménagée des forêts de toute nature soumises au régime forestier et la surface totale de ces forêts, on trouve que ce rapport est égal à $1/7.5$. Les départements où ce rapport est plus élevé sont les départements de montagne. (V. carte No. 24).

CHAPITRE IV

PÉPINIÈRES ET PLANTATION

La nécessité d'empêcher les sables mouvants du Danube de continuer à envahir les terrains de culture des départements de Mehedintzi, Dolj et Romanatzi ; l'utilité de la création de forêts dans les steppes (baragan) des départements de Ialomitza et Braila totalement dépourvus de végétation forestière sur des centaines de mille d'hectares ; le besoin de réglementer les droits qu'avaient les habitants des campagnes de prendre du bois dans les forêts de la Dobrogea; enfin, la nécessité de planter même certains terrains de culture trop vastes du département de Constantza, ont attiré l'attention du service forestier sur ces importants travaux et sur les moyens de les exécuter, et c'est ainsi qu'il fut conduit à créer des pépinières.

Avant d'entrer dans les détails de ces travaux, il est nécessaire de donner une description sommaire des terrains énumérés plus haut.

1). Dans les départements de Mehedintzi, Dolj et Romanatzi, et spécialement en regard de la ville de Calafat, là où le Danube fait un grand coude en changeant la direction de son cours vers l'Est, il existe d'importants bancs de sable qui, sous l'action des tempêtes, se mettent en mouvement avec une vitesse atteignant 12—14^m par seconde et forment des amas de sable qui arrivent à plus de 2^m de hauteur, donnant ainsi au sol un aspect légèrement ondulé.

Autant que l'on sait, ces sables mouvants occupaient, au commencement du XIX siècle, une surface moindre qu'aujourd'hui. Actuellement ils couvrent, sur différentes propriétés, environ 25.000^h et menacent même en temps de tempête les habitations environnantes.

Ces sables, formant des taches, peuvent être répartis de la façon suivante entre les différents propriétaires:

<pre>
État . . . . 9000 hectares
Domaine de la Couronne et Église Madona Dudu 7000   »
Particuliers 9000   »
</pre>

2). Sous le nom de *Baragan* on comprend de vastes terrains situés spécialement dans les départements de Jalomitza et de Braila, où la vue n'est gênée à l'horizon par aucun bouquet d'arbres, par aucun arbre même; ce sont de véritables petites steppes. Dans cette région, les eaux courantes font défaut presque totalement; l'eau se trouve dans les puits à 40—100 mètres de profondeur; les vents du N.-Est y soufflent avec violence; le climat a les caractères des climats extrêmes.

Ces *baragans* étaient, il y à 30 ou 40 ans, exclusivement affectés au pâturage; aujourd'hui on y cultive avec succès les céréales. Le sol est argilo-sablonneux.

3). A la suite de l'occupation de la Dobrogea, en vertu du traité de Berlin, le gouvernement Roumain, voulant dégrever la masse des forêts des servitudes qui existaient, tout en respectant les droits que les habitants avaient, procéda à la formation des forêts communales.

A cet effet, dans le rayon des communes où il y avait de la forêt, on détacha une portion de ces forêts, proportionnelle au nombre d'habitants (on a fixé 7ʰ· de forêt par chef de famille) ; dans les communes où il n'y avait pas de forêts, on a délimité de la même manière une certaine étendue de terrain appelée *périmètre communal* qui devait être reboisée par l'État, les communes fournissant les ouvriers nécessaires.

Dans la partie moyenne du département de Constantza, comprise entre la mer et le Danube, ce procédé devait avoir, outre l'avantage de procurer aux habitants le bois nécessaire, celui aussi d'exercer une bonne influence sur l'agriculture.

D'après cette description sommaire, on voit que, pour une raison ou pour une autre, le boisement des terrains décrits s'imposait. Après quelques essais d'ensemencement direct, on a été conduit à la création des pépinières.

Les six premières pépinières ont été créées en 1884, et réparties de la façon suivante: 2 dans le département de Dolj pour les plantations des sables mouvants ; 2 dans le département de Braila pour les *Baragans* ; 1 dans le département de Constantza pour les *Périmètres communaux* et 1 dans le département de Tutova pour la culture du mûrier en vue de l'extension de la sériciculture.

Puis, en 1886, on créa encore deux pépinières : une dans le département de Prahova, à Sinaia, en vue des boisements des ravins de Piscu-Cânelui, et une à Cernica, dans le département d'Ilfov, pour l'enseignement des élèves de l'École forestière et pour la plantation des vides dans les forêts voisines. Au total donc 10 pépinières créées en quatre ans. Puis, nous traversons une période de stagnation jusqu'en 1893 lorsqu'on donna aux pépinières un développement trop grand ; en effet, dans l'espace de 5 ans on créa, dans les divers cantonnements, 33 pépinières dont 20 permanentes et 8 volantes, en vue du reboisement dss vides dans les forêts.

Voici la situation de ces pépinières à la fin de l'année 1899 :

Nombre des pépinières		Surface totale des pépinières de l'État		Nombre des plants produits jusqu'en 1899					Frais de première installation et d'entretien jusqu'au 1ᵉʳ Janvier 1900	Sommes produites par la vente des plants jusqu'au 1er Janvier 1900	Moyenne pour mille plants produits
Perma-nentes	Volan-tes			Plantés	Vendus	Réservés en pépinière	Morts ou cédés gratuitement	TOTAL			
35	8	Hect. 134	m.c. 6079	9133511	1340412	7764158	16890231	35128312	310868	26207	8.85

On voit par là que la réserve en pépinière est trop forte puisqu'elle représente plus de ¹/₆ de la quantité produite en 16 ans. Mais le prix de revient, 8 frs. 85 pour mille plants, n'est pas trop élevé, étant donné que les dépenses de première installation n'ont pas encore eu le temps d'être amorties : nous sommes en effet tout au commencement de ces travaux et beaucoup de pépinières n'ont encore que 4 à 5 ans d'existence.

Voici maintenant quelle est la situation pour chaque département des plantations effectuées par le service forestier de l'État de 1884 à 1900 :

TABLEAU V.

No. d'ordre	Nom de département	Surfaces boisées jusqu'à la fin de 1899.					Dépenses faites pour les plantations par département	Moyenne par hectare et par département	Observations
		Rési-neux	Feuillus	Essen-ces mé-langées	Robi-nier	Total			
		Hect.	Hect.	Hect.	Hect.	Hect.	Frcs.		
1	Argeş	3	3	—	—	6	1 000	166.65	Ces plantations ont été faites en 68 endroits différents.
2	Braila	10	—	—	1 894	1 904	191 592	100.—	
3	Constanţa	—	—	—	960	960	166 110	173.—	
4	Dolj	134	9	—	4 418	4 561	99 135	21.70	
5	Ialomitza	—	110	—	2 160	2 270	185 370	88.80	
6	Ilfov	—	254	—	—	254	5 056	20.65	
7	Mehedintzi	—	129	—	—	129	3 710	28.75	
8	Muscel	31	157	—	—	188	5 119	27.20	
9	Neamtz	175	13	—	—	188	13 972	74.35	
10	Prahova	123	—	—	—	123	13 785	112.05	
11	Romanatzi	—	21	—	98	119	7 852	66.—	
12	Tecuci	—	103	—	—	103	9 836	95.50	
13	Teleorman	—	2	—	—	2	525	262.30	
14	Tutova	2	28	—	—	30	2 110	70.30	
15	Tulcea	4	300	—	—	304	43 057	141.60	
16	Vlaşca	—	247	—	—	274	12 024	48.70	
	Tot. et moy.	482	1 376	—	9 530	11 388	760 253	66.75	

On voit par ce tableau que l'État a planté dans 16 départements 11.388 hectares en 16 ans, ce qui représente annuellement une surface de 711 hectares pour laquelle on a dépensé en moyenne 66 frcs 75 par hectare.

Les premiers travaux de plantation ont été faits par l'État en 1884 pour la fixation des dunes. De pareils travaux ont cependant été entrepris antérieurement chez nous, et en 1872 on commença à planter des dunes sur le domaine de „Patule et Dancea", propriété du prince Stirbey, dans le département de Dolj : on planta ainsi 500 hectares en 5 ans.

Puis on fit encore de pareilles plantations à „Maglanit", propriété de l'Établissement public „Madona-Dudu" de Craiova, sur une surface de 1380 hec. et, dans le département de Romanatzi, sur la terre de „Cringurile".

Ces plantations ont parfaitement réussi; sur les surfaces boisées, les sables ont été complètement fixés et aujourd'hui les forêts obtenues sont en cours d'exploitation ; le robinier croît en effet très rapidement : à 10 ans, il a en moyenne 15 ^{cm.} de diamètre et 8^{m.} de hauteur, et à 16 ans, 25 ^{cm.} de diamètre et 15^{m.} de hauteur.

Les plantations commencées en 1884 par l'État ont été poussées avec une certaine activité jusqu'en 1896, et dans cet intervalle on a planté et fixé une surface de 5250 hectares de dunes, avec une dépense de 165.049 ^{fr.} ou 31^{fr.} 25 par hectare. Dans ce chiffre, le salaire des agents supérieurs n'est pas compris.

Dans les *Baragans* on a adopté le système suivant pour la création de forêts : dans les contrats de fermage de quatre grandes terres de l'État du département de Braila et 10 terres du département de Ialomitza, pour la période de 1883-1893, on a prévu l'obligation pour les fermiers d'ensemencer petit à petit avec des graines forestières fournies par l'État, une surface variant entre 250 et 500 hectares pour chaque terre ; au total 3750 hectares. Pour différentes raisons, ce système n'a pas donné les résultats qu'on en attendait, mais il eut l'avantage de procurer un fonds de 215.000 francs, provenant des indemnités payées à l'État par les fermiers qui n'ont pas rempli les clauses du contrat.

Ce fonds, augmenté d'autres ressources budgétaires, a été employé au boisement d'une surface de 3604 hectares. Ce travail terminé en 1895 a coûté 267.927 francs, soit 74 frcs. l'hectare en moyenne.

En Dobrogea (départements de Tulcea et de Constantza) on a boisé pendant le même laps de temps, par ensemencements directs ou par plantations, une surface de 1970 hectares. De ce nombre 710 hectares seulement appartiennent aux *Périmètres communaux ;* tout le reste est à l'État.

Toutes les autres plantations dans les départements d'Argeş, Ilfov Muscel, Neamtz, Prahova, Tecuci, Teleorman, Tutova et Vlaşca, ont été faites pour compléter des massifs déjà existants ou pour reboiser les clairières des forêts ; on n'a fait nulle part dans ces départements des boisements de terrains nus.

Les plantations faites dans ces départements ne représentent d'ailleurs que 1270 hectares et la dépense totale à été de 65.789 frcs., soit 54^{frcs.}80 par hectare.

Enfin, en dehors de ces plantations, on a encore fait, toujours par les soins du Ministère des Domaines, quelques plantations de faible importance, comme celles du parc de Govora, du mont Capla, dans le département de Vâlcea, *(du mont de la Métropole)* etc.

La dépense totale pour ces plantations a été de 7718 francs.

CHAPITRE V

Comme artères principales pour le transport du bois vers les centres importants de consommation, nous avons 2916 kilomètres de voie ferrée, et les rivières flottables comme la Bistritza et l'Olt, pour l'épicéa surtout.

Pour être apporté de la coupe jusqu'à ces artères, le bois, dans la région de plaine, est transporté en charriots traînés par des bœufs ou des chevaux sur des chaussées ou des chemins naturels dont le bon état dépend de la richesse de la contrée et de la densité de la population. Dans la région de montagne, là où les forêts en cours d'exploitation sont éloignées des villages, à défaut d'autres moyens de transport, on flotte les bois, au printemps, sur les ruisseaux dont le débit est plus important. Lorsqu'il existe des travaux d'art, des canaux simples ou à écluses, on peut faire le flottage pendant toute l'année, même sur les ruisseaux à faible débit, comme à Comanești, Ața etc.

Pour de grandes exploitations, on a construit des chemins de fer à voie étroite ou des funiculaires pour transporter le bois jusqu'aux scieries et même jusqu'à proximité d'une station de chemin de fer. Nous avons de pareilles installations à Tarcau (Neamtz), Comanești (Bacau), Azuga (Prahova), Mușa (Buzeu).

L'État, quoique propriétaire d'un vaste domaine forestier, a très peu dépensé pour la construction de voies de vidange à l'intérieur de ses forêts. L'établissement de ces voies est subordonné aux besoins des entrepreneurs, qui, achetant une coupe même de faible étendue, doivent en extraire le matériel comme ils peuvent et sont forcés par conséquent de construire des routes.

Dans les régions de plaine et de collines, il n'y a dans les forêts que des chemins naturels; les chaussées n'existent pas. Dans la région de montagne, les entrepreneurs ont bien construit çà et là quelque canal simple ou à écluses, mais ces travaux ont été faits en vue des besoins du moment et ils ne durent qu'autant que dure l'exploitation elle-même.

On peut dire en somme que l'État n'a pas encore dans ses forêts un réseau de voies de vidange et c'est ce qui a contribué, surtout dans la partie supérieure de la région de collines et dans les montagnes, à ce que ses forêts ne puissent être exploitées.

Une des causes principales du manque de moyens de transport est que presque toutes les coupes principales dans les forêts de l'État ont été effectuées par les entrepreneurs et ont été de courte durée, de sorte que l'établissement systématique d'un réseau de voies de vidange n'était pas une opération d'un bon rapport pour les entrepreneurs. D'autre part, pour des considérations d'ordre économique, l'État n'a jamais été en mesure d'effectuer ces travaux.

Là où les ventes ont été faites pour un terme plus long et où ces coupes portent sur de grandes surfaces, l'entrepreneur a pu construire des routes, des canaux, ou des chemins de fer. Ainsi dans la forêt de Tarcau, du département de Neamtz, on a vendu une surface de 6000 hectares exploitable en 40 ans ; l'entrepreneur a construit un chemin de fer à voie étroite sur une distance de 20 kilomètres ; il possède 2 locomotives, 50 vagons doubles, un atelier de réparations, etc. ; le kilomètre de voie ferrée lui coûte 37,000 francs, y compris le matériel roulant. Il a construit de même sur une distance de plusieurs kilomètres un lançoir en bois qui lui coûte 3—4 francs le mètre courant, non compris le matériel. De cette façon le bois de toute dimension peut être transporté de la coupe jusqu'au bassin de la Bistritza, rivière flottable.

Nous voyons donc par là que ce n'est que dans les forêts de montagne à exploitations intenses qu'on trouve des voies de vidange telles que : chemins de fer, funiculaires, canaux, lançoirs etc., car les exploitations y sont impossibles sans cela.

Ou trouve encore de semblables installations dans la forêt de Aţa, sur le domaine de la Couronne ; il y a été construit 8 km. de chemins de fer, coûtant 8750 frcs. par km. ; 17 km. de canaux coûtant 4650 frcs. le km. Ici aussi la surface exploitée en dix ans est grande, elle est de 2800 hectares, et par conséquent les dépenses nécessaires à ces installations peuvent être d'un bon rapport.

Des transports de bois par Decauville et funiculaire se font aussi dans les forêts de S. M. le Roi de Roumanie situées sur les monts Retevoiu, Sussaiu et Faţa Gavanei, du département de Prahova ; à Comaneşti et Palanca, du département de Bacau, chez le prince Démètre Ghyka etc.

Nous avons dit plus haut que, outre le transport par chemins de fer, il y avait aussi le flottage sur les rivières de Bistritza et d'Olt, comme moyens de transport du bois.

Sur l'Olt, on ne flotte que des bois de sapin et d'épicéa ; les radeaux qui ont habituellement 20 à 30 m. c. de bois, partent du Lotru, un affluent de l'Olt, et vont jusqu'aux scieries de Slatina ou de Giurgiu. Mais le flottage en grand se pratique surtout sur la Bistritza, affluent du Sereth, dont le bassin en amont de Tarcau est recouvert de belles forêts de résineux.

On construit deux sortes de radeaux sur la Bistritza : des radeaux formés de troncs d'arbres de différentes dimensions et jusqu'à concurrence de 27—30 $^{mc.}$; des radeaux de bois sciés, formés de planches et ayant les uns 8—10 $^{mc.}$, les autres 27 à 30 $^{mc.}$

Le coût de fabrication d'un radeau sur le bord de la Bistritza est de 6 à 8 francs pour ceux de la première catégorie ; pour les autres, on compte 2 francs par cent planches.

En 1898, le transport d'un radeau de Dorna à Peatra a coûté de 30 à 40 francs, et de Peatra à Galatz, de 90 à 130 francs.

En 1898, on a flotté sur la Bistritza 550.000 $^{mc.}$ Actuellement on ne flotte plus les planches ; car on a constaté qu'une fois que les radeaux arrivaient à Galatz et que les planches avaient séché en magasin, elles prenaient une teinte bleuâtre et se fendaient. Les marchands perdaient de ce fait 35-45 francs par radeau et les acheteurs étrangers considéraient cette marchandise comme de rebut.

Puisque nous nous occupons des moyens de transport, nous avons pensé qu'il était intéressant de montrer, séparément pour le bois d'œuvre et le bois de chauffage, quelles ont été les quantités transportées pendant les cinq dernières années sur les chemins de fer. Nous avons consigné ces chiffres dans le tableau suivant :

	1894	1895	1896	1897	1898	Observations
Bois d'oeuvre ·	36 056	32 898	33 950	33 535	39 770	Ces chiffres indiquent le nombre de vagons, chaque vagon contenant dix tonnes.
Bois de chauffage	39 427	35 618	38 671	39 065	45 378	

On voit par là que la quantité de matériel transporté est sensiblement la même pour toutes les années, sauf pour 1898.

NOMENCLATURE DES PHOTOGRAPHIES

1. Forêt domaniale de Bratoveşti (Dolj). Vieille futaie de chêne pédonculé.
2. Forêt domaniale de Stubeiu (Dolj). Vieille futaie de chêne — *quercus conferta*.
3. Forêt domaniale de Cocoraştii-Mislea (Prahova). Haut perchis de chêne rouvre.
4. Forêt particulière de Voïneasa (Gorj). Vieille futaie d'Epicéa (Vallée du Lotru).
5. Dunes du Danube (Dolj). Abattage d'un Robinier en vue de l'analyse de la tige.
6. Forêt domaniale de Piscu-Cînelui (Prahova). Maisons forestières et pépinière.
7. Forêt domaniale de Fruntea-lui-Vasii (Prahova). Boisement d'une côte ravinée.
8. Forêt domaniale de Tarcau (Neamtz). Chemin de fer et canal de flottage dans la Vallée du Tarcau.
9. Vallée de Lotru. Canal de flottage.
10. „ „ „ . Grille de retenue pour bois flottés
11. Forêt domaniale de Tarcau (Neamtz). Dépôt de bois à l'embouchure du Tarcau (Vallée de la Bistritza).
12. Forêt domaniale de Tarcau (Neamtz). Radeaux sur la Bistritza.

NOMENCLATURE DES CARTES

1. Forêts soumises au régime forestier. Forêts domaniales.
2. Forêts domaniales. Forêts proprement dites.
3. Forêts domaniales. Vides (labours, pâturages, prairies et surfaces improductives).
4. Forêts soumises au régime forestier. Forêts du Domaine de la Couronne.
5. Forêts soumises au régime forestier. Forêts communales et d'Établissements publics.
6. Forêts soumises au régime forestier. Forêts des particuliers.
7. Surface totale des forêts (soumises ou non soumises au régime forestier).
8. Relation, dans chaque département, entre la surface de la propriété boisée et celle des forêts domaniales.
9. Relation, dans chaque département, entre la surface de la propriété boisée et celle des Communes et des Établissements publics
0. Relation, dans chaque département, entre la surface de la propriété boisée et celle des forêts des particuliers.
11. Forêts de toute nature soumises au régime forestier.
12. Relation entre la surface de chaque département et le chiffre de la population.
13. Relation, dans chaque département, entre la surface des forêts de toute nature et la population en 1898.
14. Relation entre la surface de chaque département et celle des forêts de toute nature.
15. Relation entre la surface de chaque département et celle des forêts domaniales.
16. Relation entre la surface de chaque département et celle des forêts des particuliers.
17. Relation entre la surface de chaque département et celle des forêts soumises au régime forestier.
18. Forêts domaniales. Forêts qui n'ont pas encore été exploitées jusqu'en 1898.
19. Forêts domaniales. Taillis simples.
20. Forêts domaniales. Taillis sous futaie.
21. Forêts domaniales. Futaies.
22. Forêts domaniales. Production moyenne brute en argent par année et par hectare au cours des dix années 1889—1899.
23. Relation entre la surface totale des forêts domaniales et celle des forêts aménagées.
24. Relation entre la surface totale des forêts de toute nature soumises au régime forestier et celle des forêts aménagées.

TABLE DES MATIÈRES

NOMENCLATURE DES TABLEAUX

Vieille futaie de chêne pédonculé.

Forêt domaniale de STUBEIU (Doljiu).

Vieille futaie de chêne — *Quercus conferta.*

Forêt domaniale de COCORAŞTII-MISLEA, (Prahova).

Haut perchis de chêne rouvre.

Forêt particulière de VOINEASA (Gorju).

Vieille futaie d'Epicéa (Vallée du Lotru).

Abattage d'un robinier en vue de l'analyse de la tige.

Forêt domaniale de PISCU-CÎNELUI, (Prahova).

Maisons forestières et pepinière.

Forêt domaniale de FRUNTEA-LUI-VASIĬ (Prahova).

Bosiement d'une côte ravinée.

Forêt domaniale de TARCAU (Neamțu).

Chemin de fer et canal de flottage dans la Vallée du Tarcău.

VALLÉE DE LOTRU.

Canal de flottage.

VALLÉE DU LOTRU.

Grille de retenue pour bois flottés.

Forêt domaniale de TARCAU (Neamţu).

Dépôt de bois à l'embouchure du Tarcău (Vallée de la Bistriţa).

Forêt domaniale de TARCAU (Neamțu).

Radeaux sur la Bistrița.

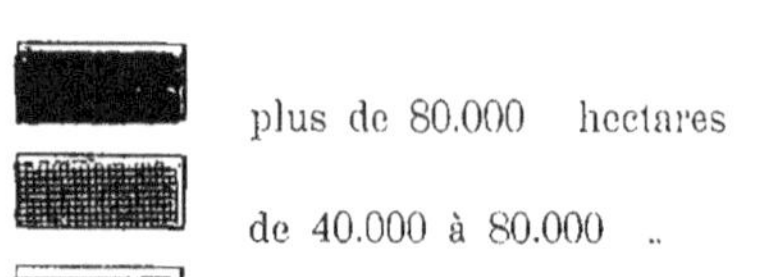
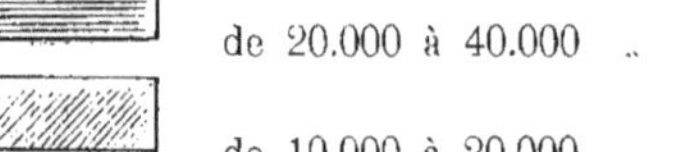
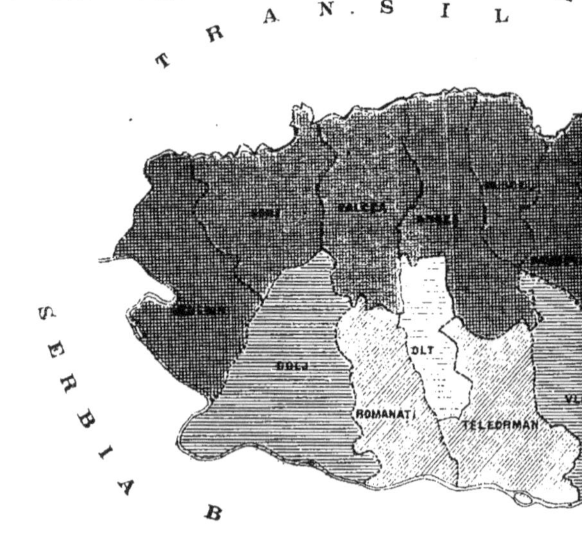

FORÊTS
SOUMISES AU RÉGIME FORESTIER
FORÊTS DOMANIALES
DÉPARTEMENTS RENFERMANT :
plus de 80.000 hectares
de 40.000 à 80.000 ..
de 20.000 à 40.000 ..
de 10.000 à 20.000 ..
de 5.000 à 10.000 ..
BUC
A
I
TRANSILVA
SERBIA
DLT
GORJ
DOLJ
ROMANATI
TELEORMAN
VL
B
U
L
G

Carte N.º I.
BASARABIA
DOROHOI
BOTOSANI
SUCEAVA
IASI
NEAMTU
ROMAN
VASLUI
FALCIU
BACAU
TUTOVA
PUTNA
TECUCI
COVURLUI
RAMNICU SARAT
BUZEU
BRAILA
TULCEA
IALOMITA
ILFOV
CONSTANTA
MAREA NEAGRA
A R I A

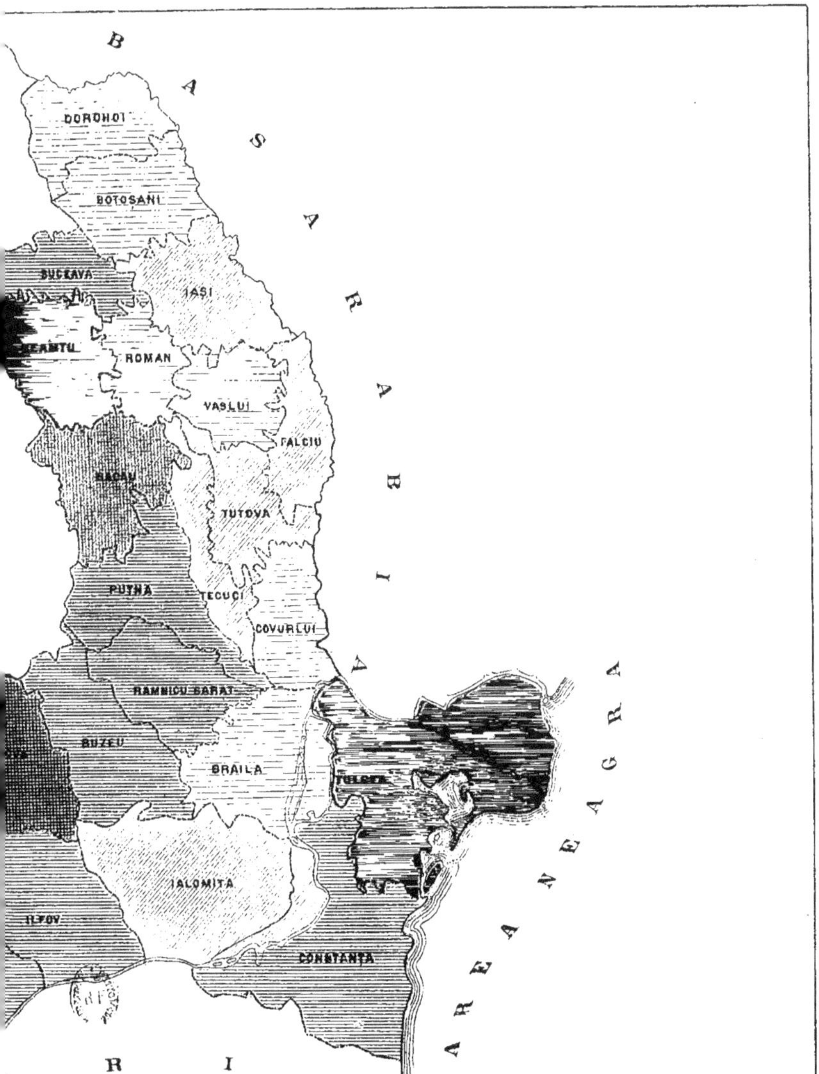

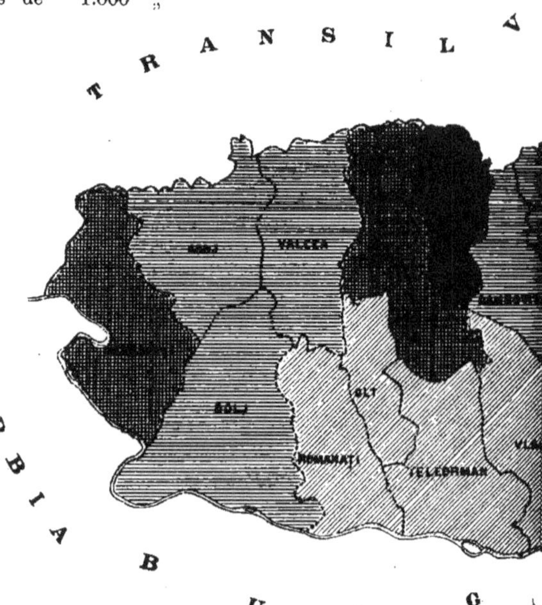

FORÊTS DOMANIALES

VIDES (LABOURS, PÂTURAGES, PRAIRIES ET SURFACES IMPRODUCTIVES)

DÉPARTEMENTS RENFERMANT :

plus de 15.000 hectares
de 10.000 à 15.000 „
de 5.000 à 10.000 „
de 1.000 à 5.000 „
moins de 1.000 „

BUC
A I N A
TRANSILVA
SERBIA
BULG
GORJ
VÂLCEA
DOLJ
OLT
ROMANAȚI
TELEORMAN
VLA

Carte N° 3.
BASARABIA
DOROHOI
BOTOSANI
SUCEAVA
IASI
NEAMTU
ROMAN
VASLUI
FALCIU
BACAU
TUTOVA
PUTNA
TECUCI
COVURLUI
RAMNICU SARAT
BUZEU
BRAILA
IALOMITA
ILFOV
CONSTANTA
MAREA NEAGRA
R   I   A

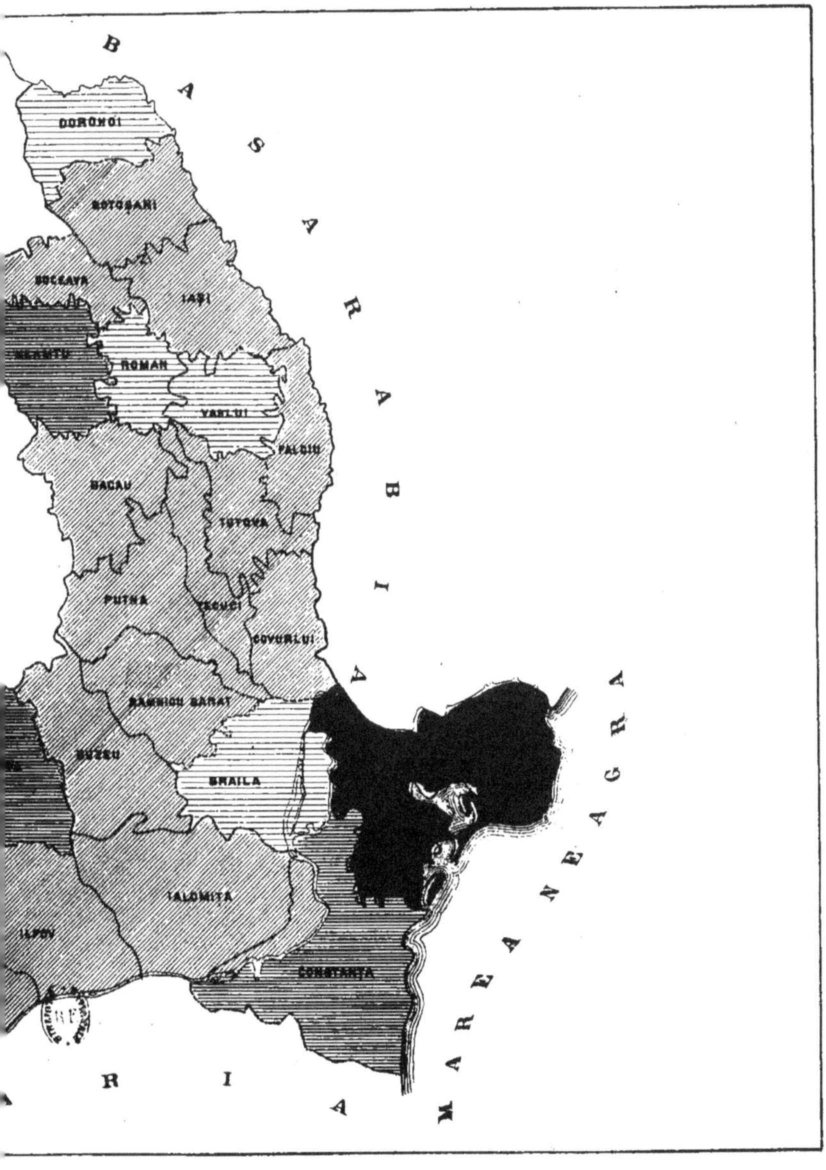

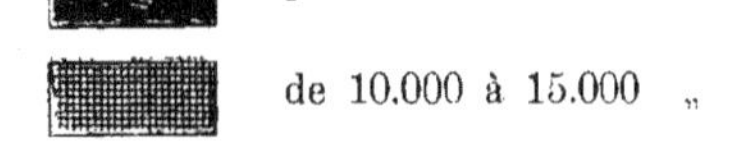
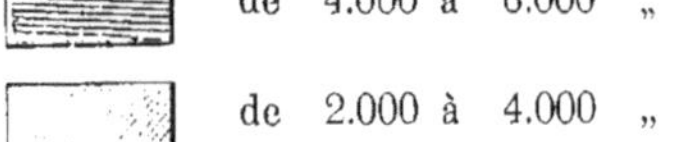
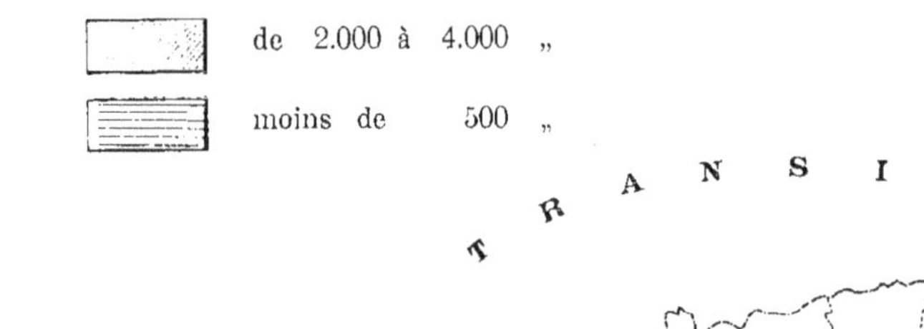

FORÊTS
SOUMISES AU RÉGIME FORESTIER

FORÊTS DU DOMAINE DE LA COURONNE

DÉPARTEMENTS RENFERMANT :

plus de 40.000 hectares

de 10.000 à 15.000 „

de 4.000 à 6.000 „

de 2.000 à 4.000 „

moins de   500 „

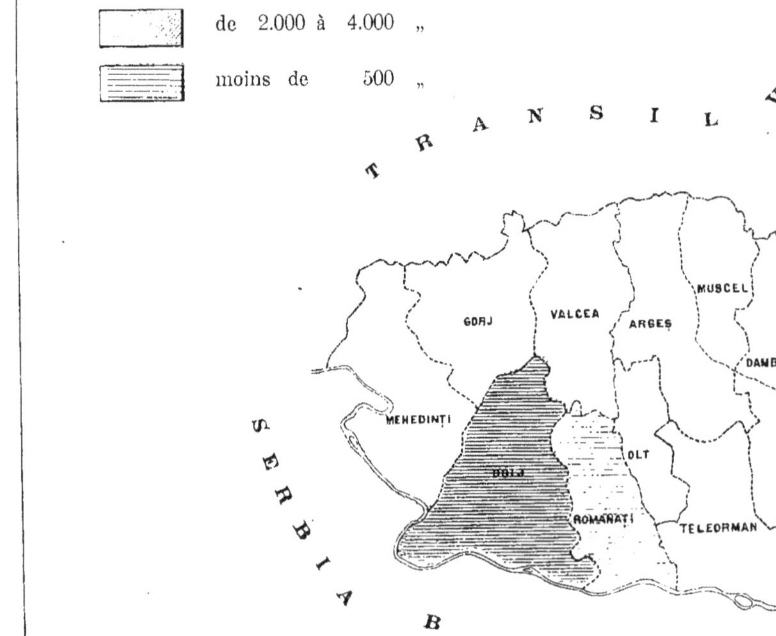

Carte N.° 4.
BASARABIA
DOROHOI
BOTOSANI
IAŞI
ROMAN
VASLUI
FALCIU
BACAU
TUTOVA
PUTNA
TECUCI
COVURLUI
RAMNICU SARAT
BUZEU
PRAHOVA
BRAILA
TULCEA
ILFOV
IALOMITA
CONSTANŢA
MAREA NEAGRA

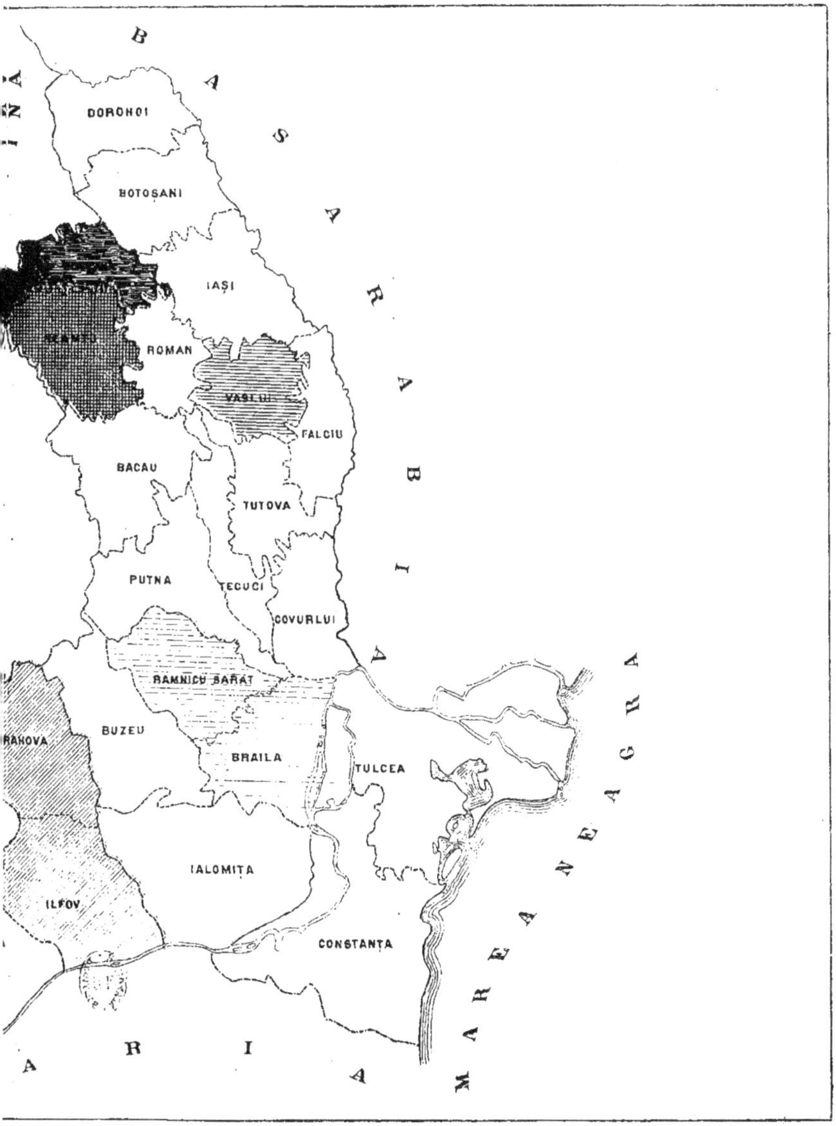

FORÊTS
SOUMISES AU RÉGIME FORESTIER

FORÊTS COMMUNALES ET D'ÉTABLISSEMENTS PUBLICS

DÉPARTEMENTS RENFERMANT :

plus de 20.000 hectares
de 10.000 à 20.000 „
de 5.000 à 10.000 „
de 1.000 à 5.000 „
moins de 1.000 „

BUC
TRANSILVA
SERBIA
BULG
GORJ
VALCEA
ARGES
MUSCEL
DAMBO
MEHEDINTI
DOLJ
OLT
ROMANATI
TELEORMAN

Carte N? 5.
BASARABIA
DOROHOI
BOTOSANI
SUCEAVA
IASI
NEAMTU
ROMAN
VASLUI
FALCIU
BACĂU
TUTOVA
PUTNA
TECUCI
COVURLUI
RAMNICU SARAT
BUZEU
BRAILA
TULCEA
IALOMITA
ILFOV
CONSTANTA
MAREA NEAGRA
A R I A

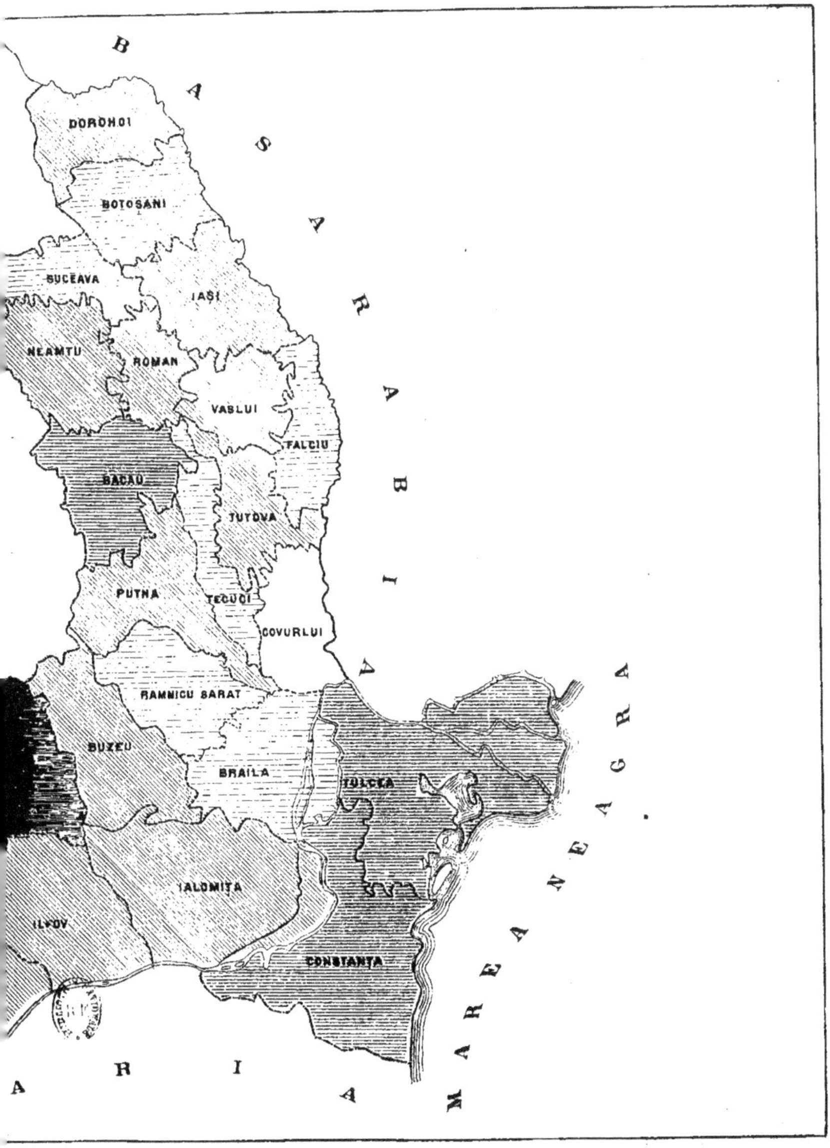

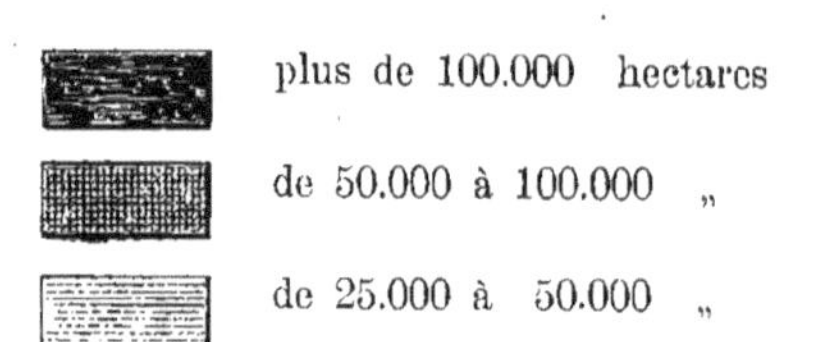

FORÊTS
SOUMISES AU RÉGIME FORESTIER
FORÊTS DES PARTICULIERS
DÉPARTEMENTS RENFERMANT :
plus de 100.000 hectares
de 50.000 à 100.000 „
de 25.000 à 50.000 „
de 5.000 à 25.000 „
moins de 5.000 „

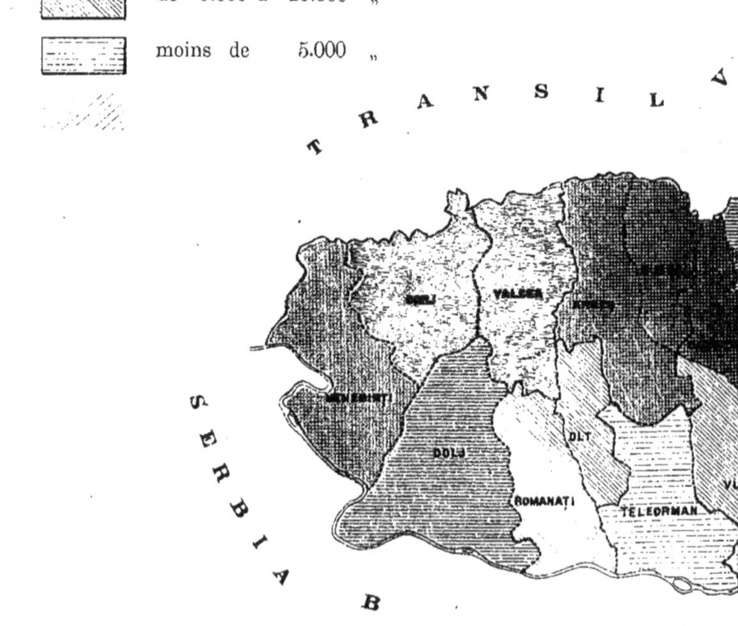

BUC
TRANSILV
SERBIA
BULG
GORJ
VALCEA
ARGEŞ
MEHEDINŢI
DOLJ
OLT
ROMANAŢI
TELEORMAN
VLAŞCA

Carte N.° 6.
BASARABIA 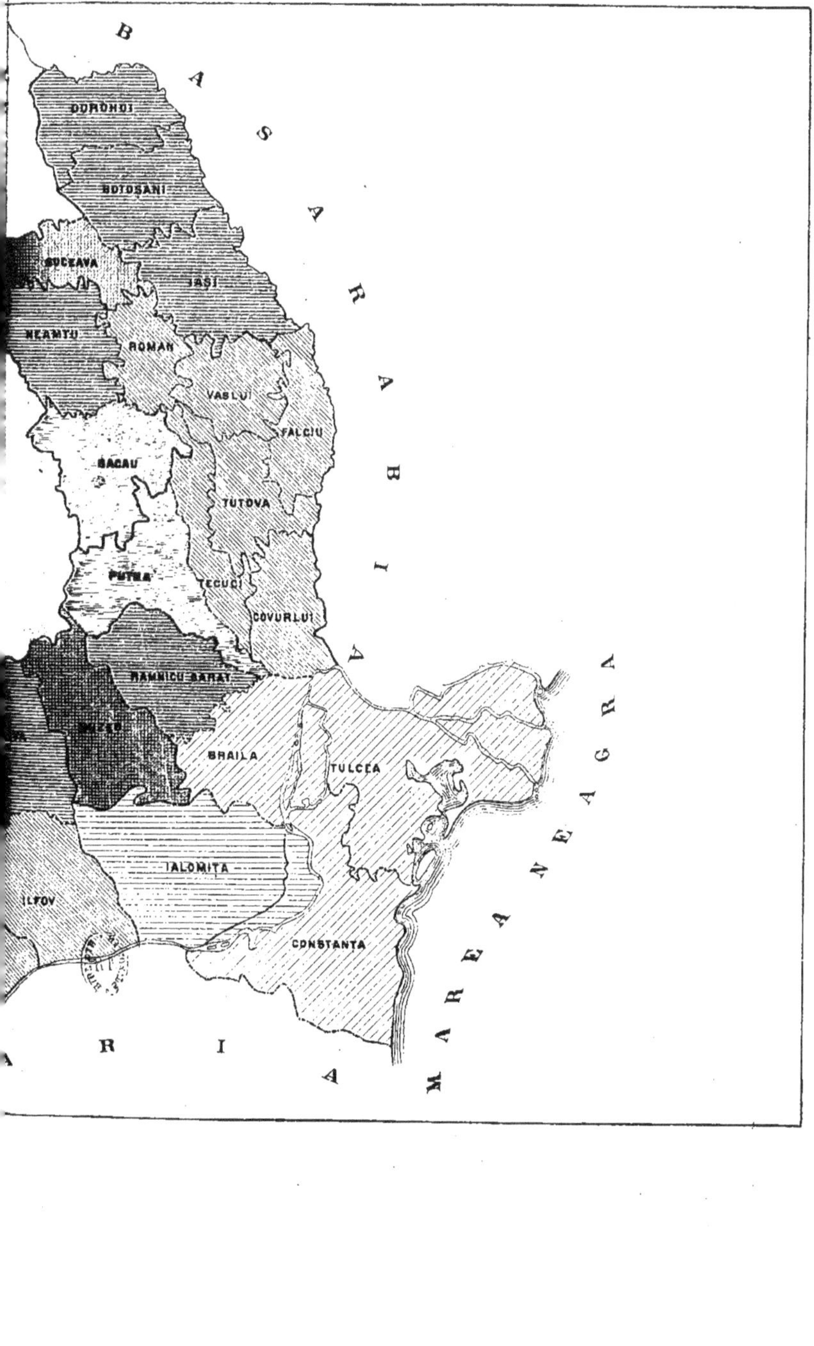
DOROHOI
BOTOSANI
SUCEAVA
JASI
NEAMTU
ROMAN
VASLUI
FALCIU
BACAU
TUTOVA
PUTNA
TECUCI
COVURLUI
RAMNICU SARAT
BRAILA
TULCEA
IALOMITA
ILFOV
CONSTANTA
MAREA NEAGRA
A R I A

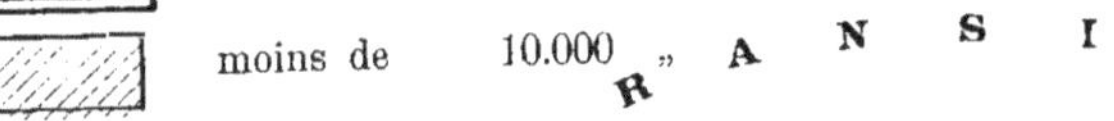
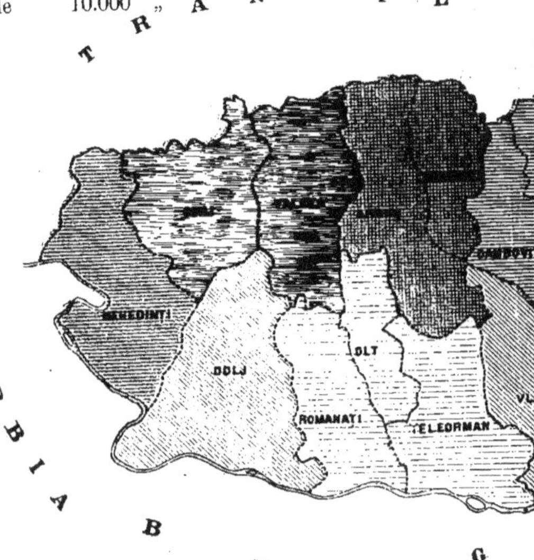

SURFACE TOTALE DES FORÊTS
(SOUMISES OU NON SOUMISES AU RÉGIME FORESTIER)

DÉPARTEMENTS RENFERMANT :

plus de 200.000 hectares
de 140.000 à 200.000 „
de 80.000 à 140.000 „
de 40.000 à 80.000 „
de 20.000 à 40.000 „
moins de 10.000 „

BUC
TRANSILVA
SERBIA
BULG
MEHEDINTI
DOLJ
OLT
ROMANATI
TELEORMAN
DAMBOVIT
VL

Carte Nº 7
BASARABIA
DOROHOI
BOTOȘANI
SUCEAVA
IAȘI
NEAMTU
ROMAN
VASLUI
FALCIU
BACAU
TUTOVA
PUTNA
TECUCI
COVURLUI
RAMNICU SARAT
BUZEU
BRAILA
TULCEA
IALOMITA
ILFOV
CONSTANȚA
MAREA NEAGRA
BULGARIA

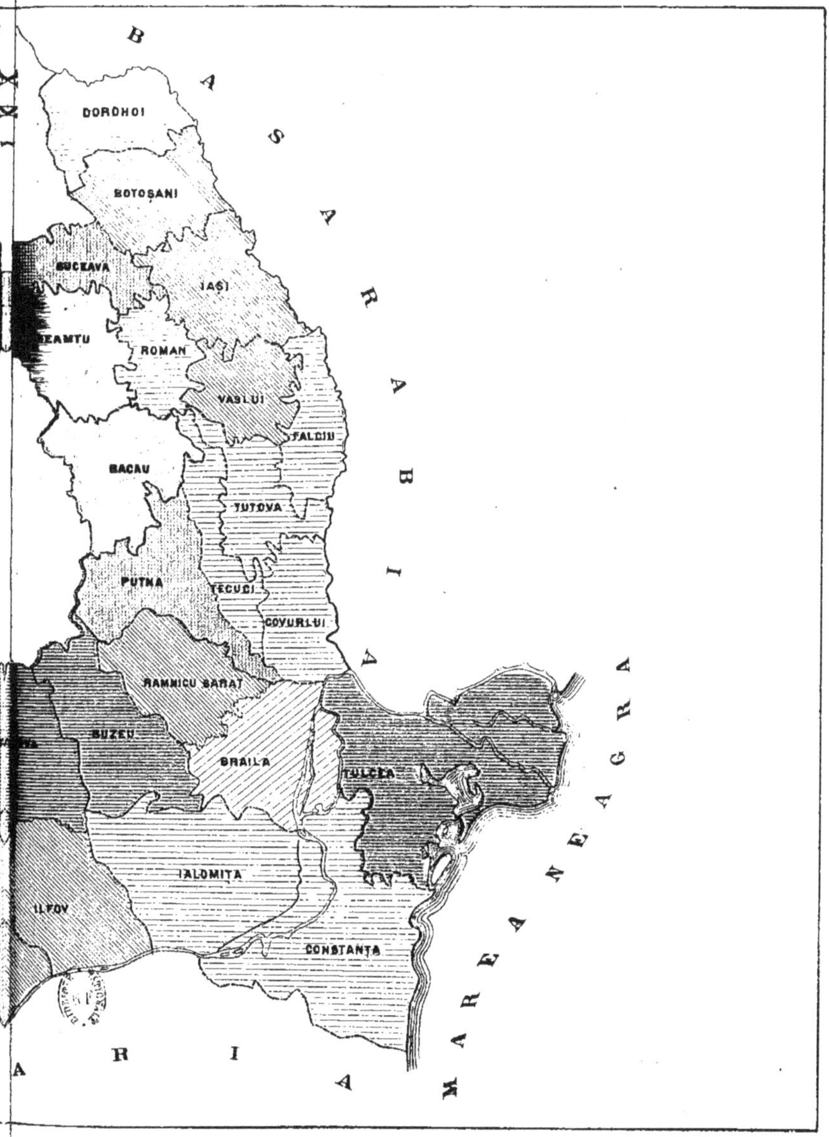

RELATION

DANS

CHAQUE DÉPARTEMENT ENTRE LA SURFACE DE LA PROPRIÉTÉ BOISÉE

ET

CELLE DES FORÊTS DOMANIALES

DÉPARTEMENTS DANS LESQUELS LA SURFACE DES FORÊTS DOMANIALES EST :

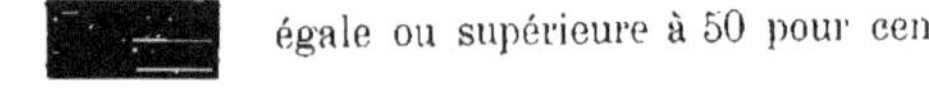

égale ou supérieure à 50 pour cent

comprise entre 40 et 49   „

„   „   30 et 39   „

„   „   20 et 29   „

„   „   10 et 19   „

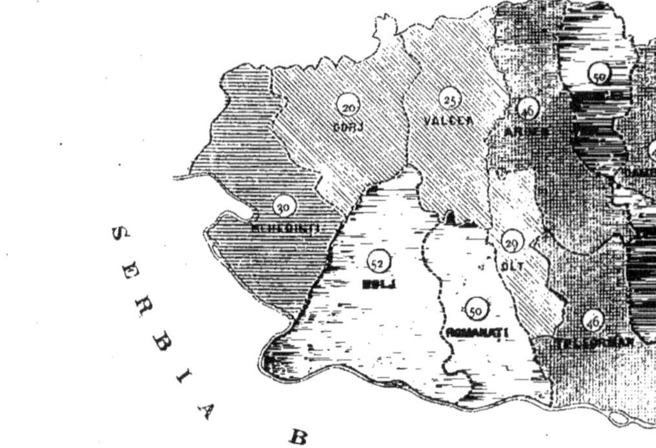

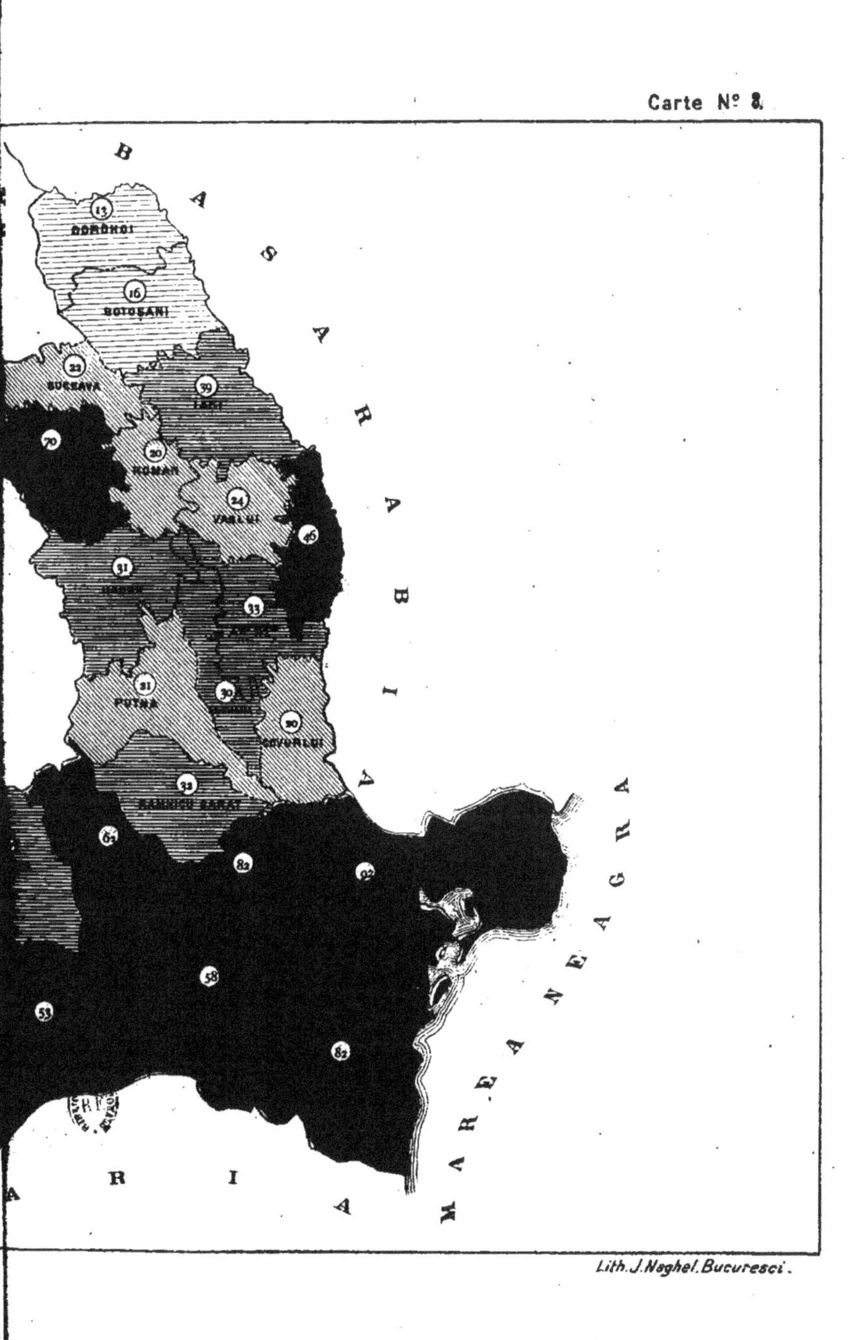
BASARABIA
DOROHOI
BOTOȘANI
SUCEAVA
IAȘI
ROMAN
VASLUI
NEAMȚU
PUTNA
COVURLUI
TECUCI
MAREA NEAGRA
ARIA
Lith. J. Naghel, Bucuresci.

RELATION

CHAQUE DÉPARTEMENT ENTRE LA SURFACE DE LA PROPRIÉTÉ BOISÉE

CELLE DES FORÊTS DES COMMUNES ET DES ÉTABLISSEMENTS PUBLICS

DÉPARTEMENTS DANS LESQUELS LA SURFACE DES FORÊTS DES COMMUNES
ET DES ÉTABLISSEMENTS PUBLICS EST :

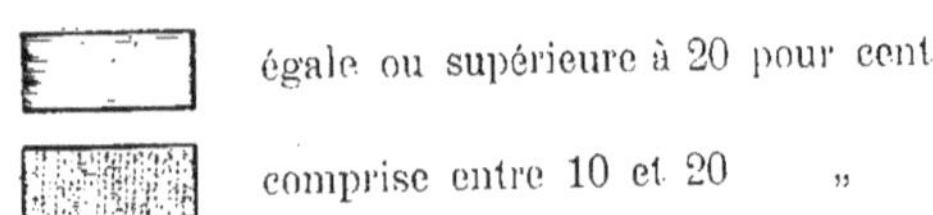

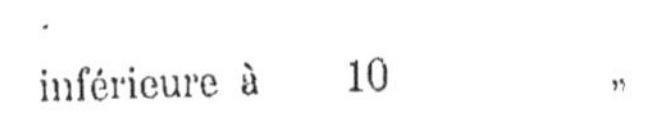

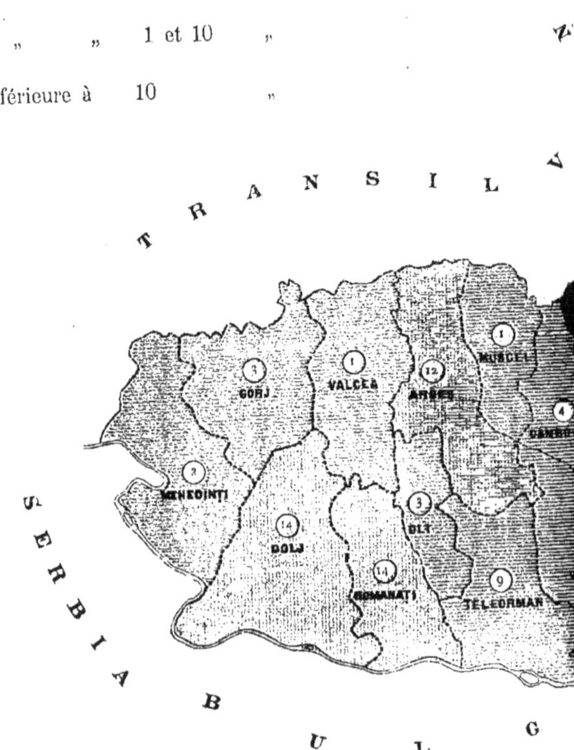

Carte N° 9.

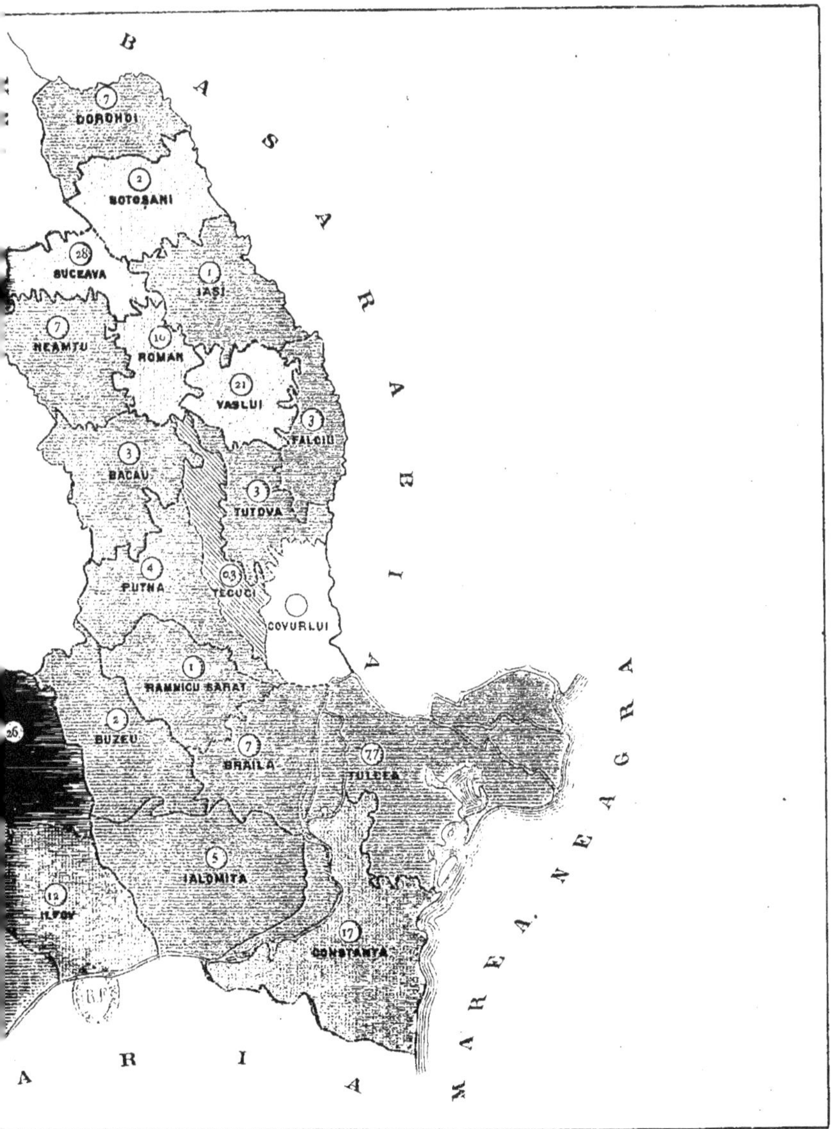

Lith. J. Naghel. Bucuresci.

RELATION

DANS

CHAQUE DÉPARTEMENT ENTRE LA SURFACE DE LA PROPRIÉTÉ BOISÉE

ET

CELLE DES FORÊTS DES PARTICULIERS

DÉPARTEMENTS DANS LESQUELS LA SURFACE DES FORÊTS DES PARTICULIERS EST :

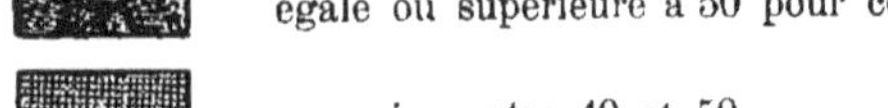

égale ou supérieure à 50 pour cent

comprise entre 40 et 50   „

„   „   30 et 40   „

„   „   10 et 30   „

inférieure à   10   „

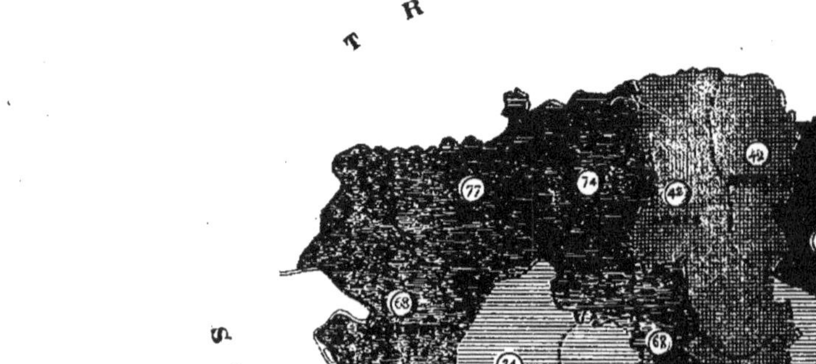

BUC
TRANSILV
SERBIA
BULG
DOLJ
ROMANATI
77
74
42
68
68
34
36
45

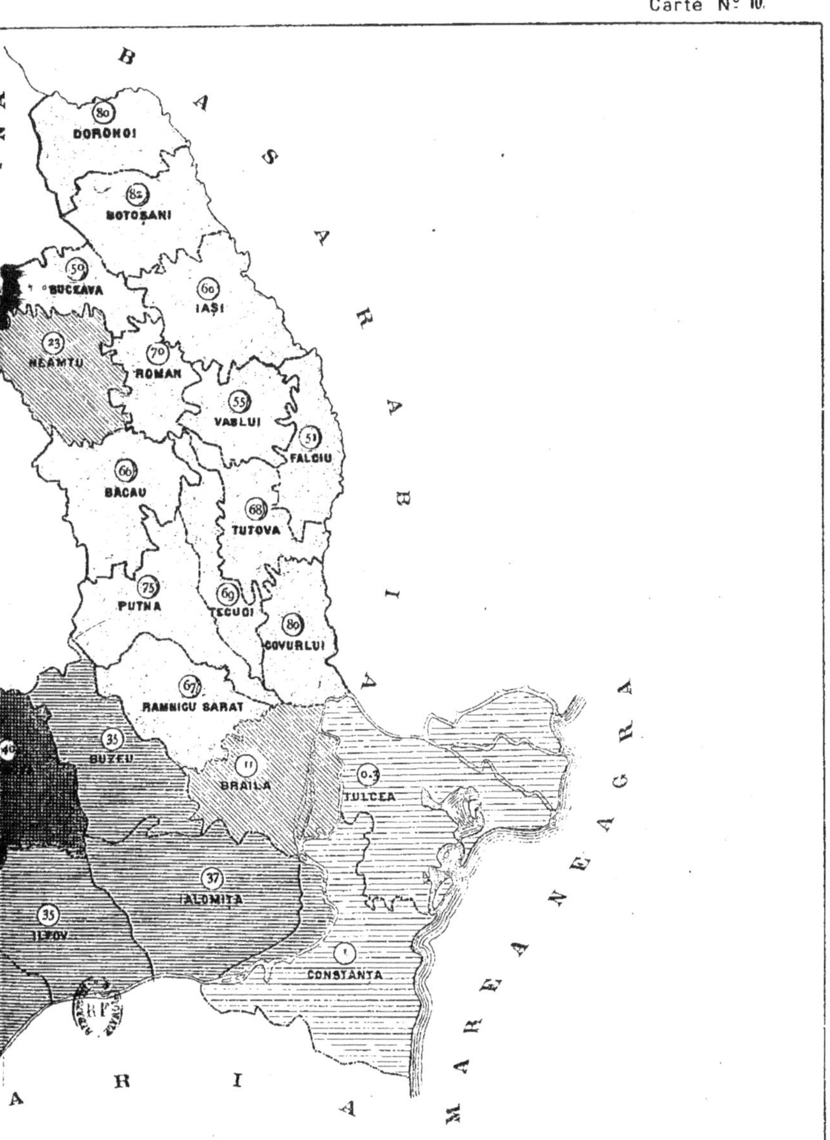

Lith. J. Naghel, Bucuresci.

FORÊTS
DE
TOUTE NATURE SOUMISES AU RÉGIME FORESTIER

DÉPARTEMENTS RENFERMANT :

plus de 140.000 hectares
de 80.000 à 140.000 „
de 40.000 à 80.000 „
de 20.000 à 40.000 „
de 10.000 à 20.000 „
moins de 10.000 „

BUC
TRANSILV
SERBIA
MEHEDINTI
DOLJ
OLT
ROMANATI
TELEORMAN
BULG

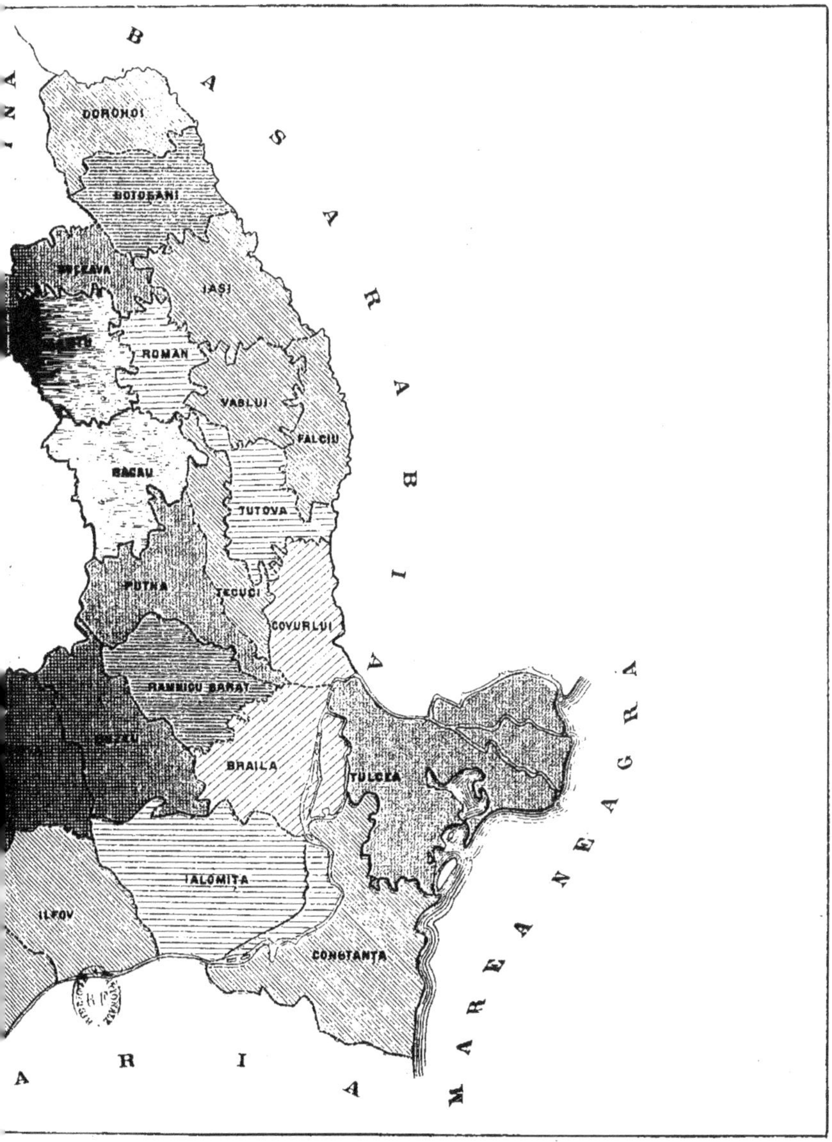

BASARABIA
DOROHOI
BOTOSANI
SUCEAVA
IASI
ROMAN
VASLUI
FALCIU
BACAU
TUTOVA
PUTNA
TECUCI
COVURLUI
RAMNICU SARAT
BUZEU
BRAILA
TULCEA
IALOMITA
ILFOV
CONSTANTA
MAREA NEAGRA

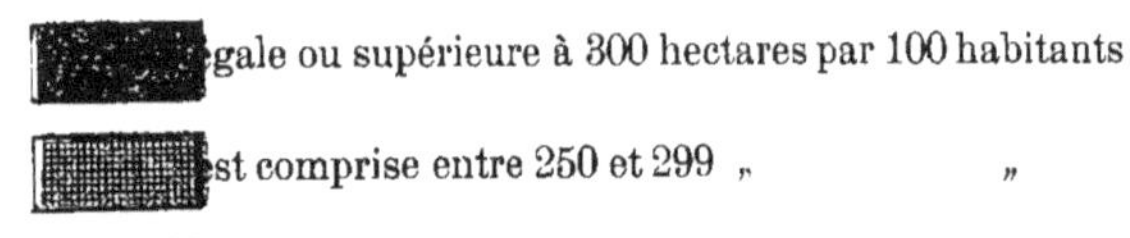
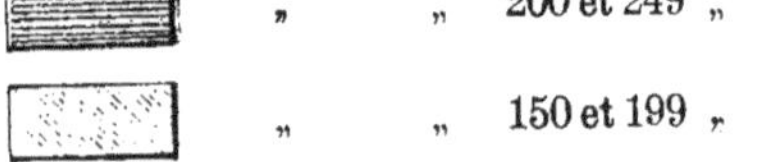
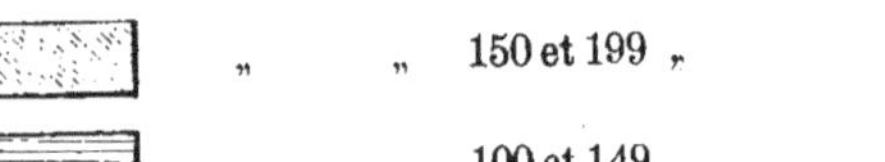
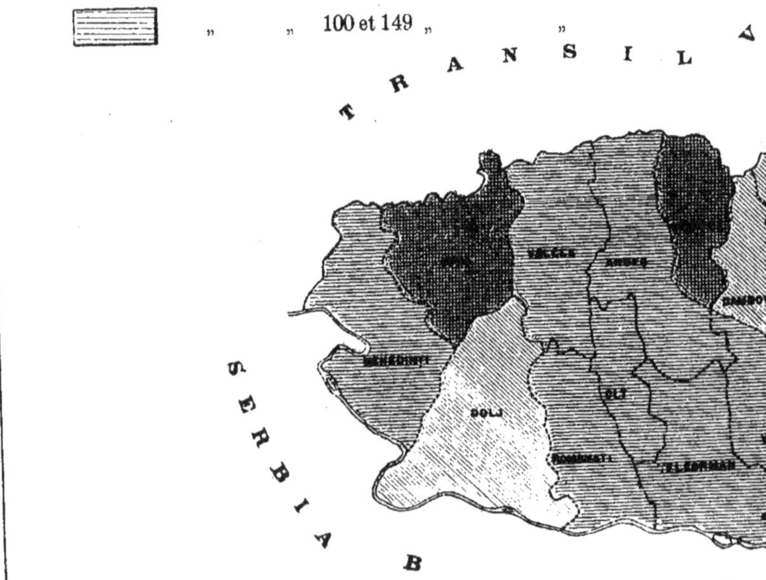

RELATION
ENTRE
LA SURFACE DE CHAQUE DÉPARTEMENT
ET
LE CHIFFRE DE LA POPULATION

DÉPARTEMENTS DANS LESQUELS LA SURFACE EST :

gale ou supérieure à 300 hectares par 100 habitants
st comprise entre 250 et 299 „   „
„   „   200 et 249 „   „
„   „   150 et 199 „   „
„   „   100 et 149 „   „

BUCC
TRANSILVA
SERBIA
BULG

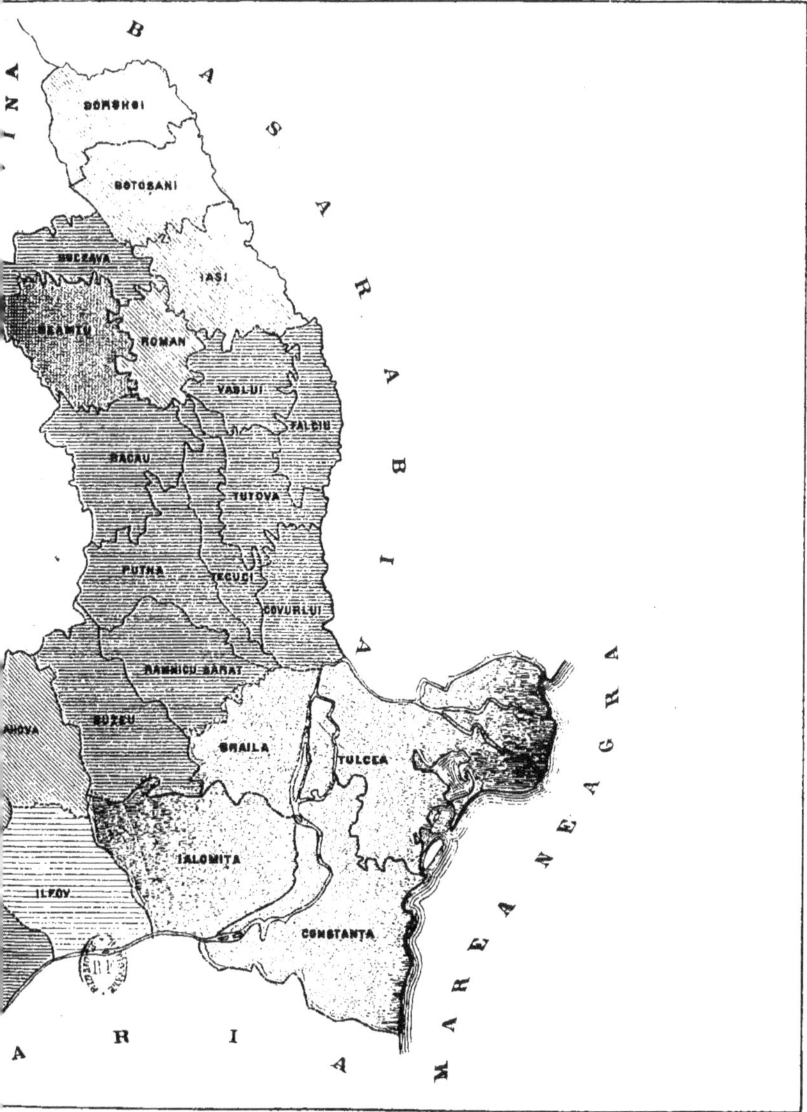
BASARABIA
BUCOVINA
DORONOI
BOTOSANI
IASI
SUCEAVA
NEAMTU
ROMAN
VASLUI
FALCIU
BACAU
TUTOVA
PUTNA
TECUCI
COVURLUI
RAMNICU SARAT
ARGOVA
BUZEU
BRAILA
TULCEA
IALOMITA
ILFOV
CONSTANTA
MAREA NEAGRA
BULGARIA

RELATION
DANS
CHAQUE DÉPARTEMENT ENTRE LA SURFACE DES FORÊTS DE TOUTE NATURE
ET
LA POPULATION EN 1898

DÉPARTEMENTS DANS LESQUELS LA SURFACE DES FORÊTS EST :

égale ou supérieure à 100 hectares par 100 habitants
comprise entre 50 et 99 „ „
„ „ 25 et 49 „ „
„ „ 10 et 24 „ „
inférieure à 10 „ „

BUC
TRANSILV
SERBIA
BULG
142
117
65
110
56
56
21
DOLJ
24
OLT
14
ROMANATI
7
TELEORMAN

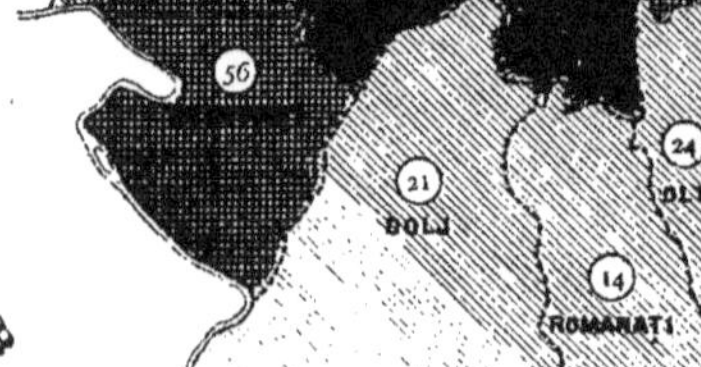

INA
B
A
S
A
R
A
B
I
A
DOROHOI
BOTOSANI
IASI
ROMAN
VASLUI
TALCIU
TUTOVA
TECUCI
COVURLUI
RAMNICU SARAT
BUZEU
BRAILA
IALOMITA
ILFOV
CONSTANTA
MAREA NEAGRA
A
R
I
A

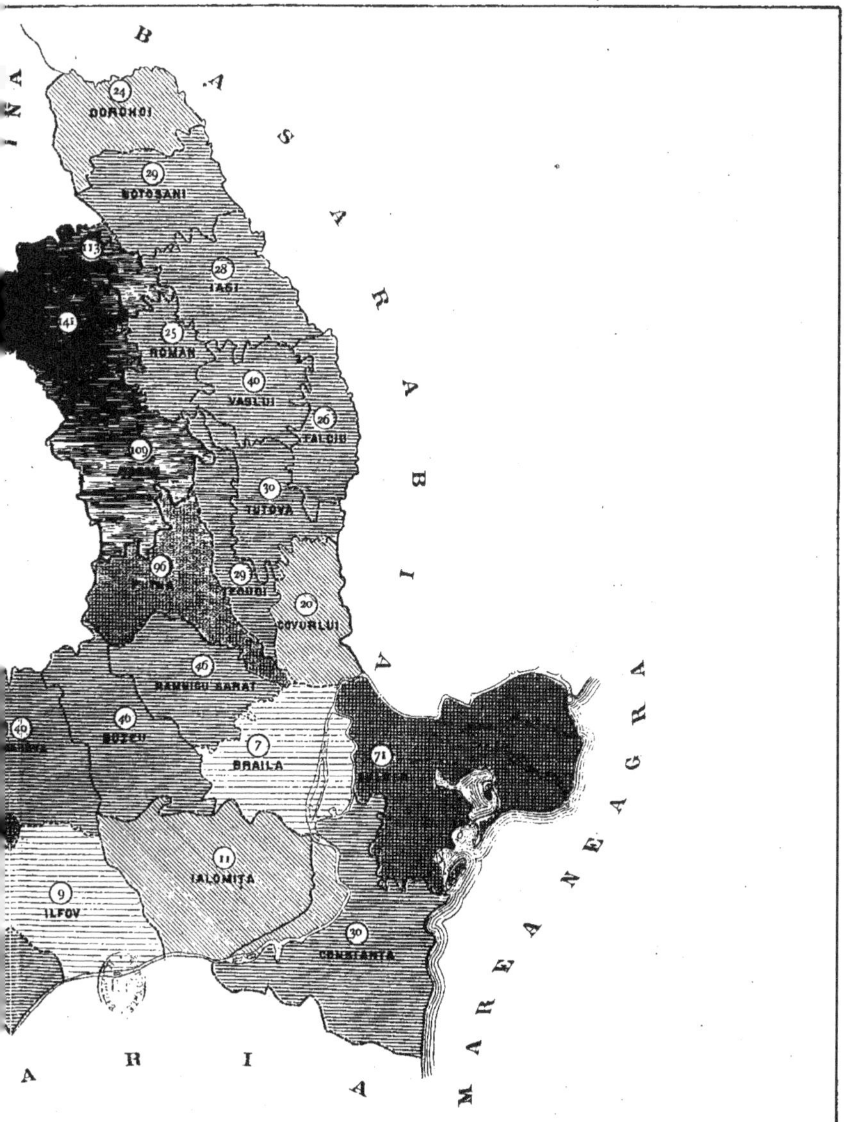

RELATION

ENTRE

LA SURFACE DE CHAQUE DÉPARTEMENT

ET

CELLE DES FORÊTS DE TOUTE NATURE

DÉPARTEMENTS DANS LESQUELS LA SURFACE DES FORÊTS EST :

égale ou supérieure à 50 pour cent

comprise entre 25 et 49   „

„   „   10 et 24   „

inférieure à   10   „

BUC

TRANSILVA

SERBIA

BULG

GORJ 49

VALCEA 51

ARGES 325

MUSCEL 50

DAMBOV 29

MEHEDINTI 264

DOLJ 11

OLT 10

ROMANATI 6.1

TELEORMAN 3

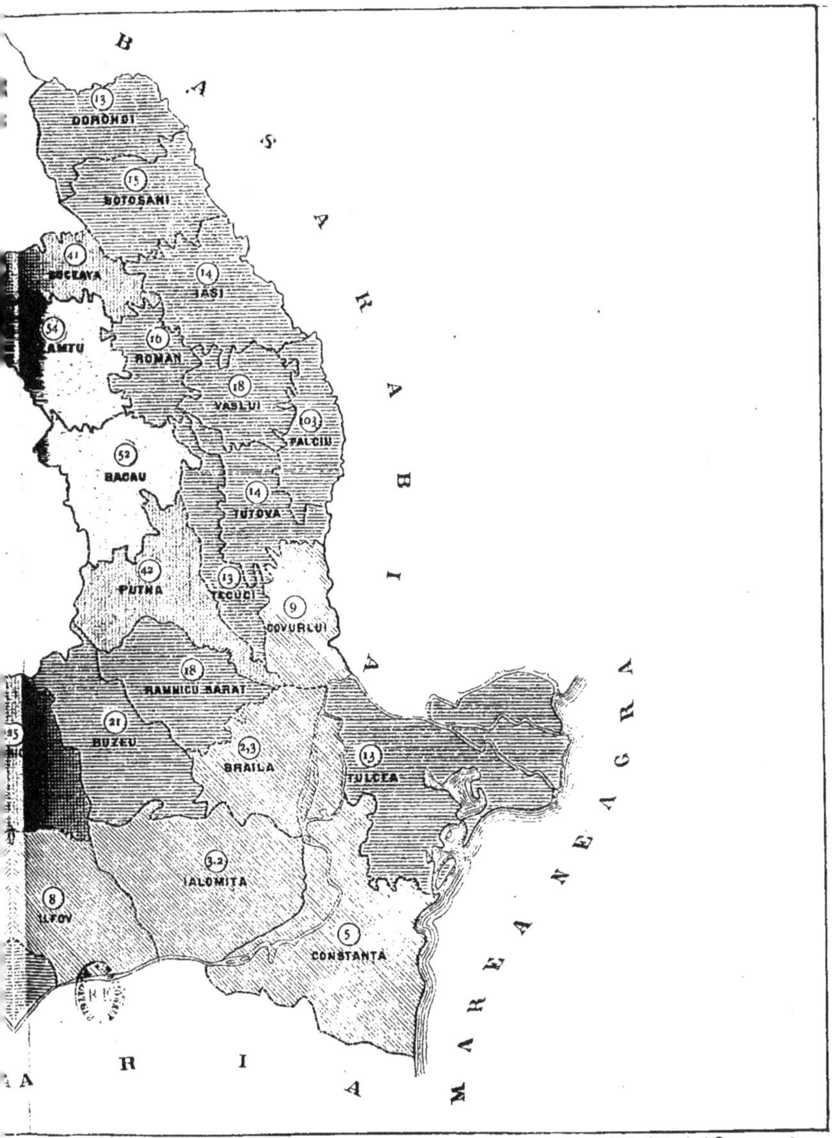

BASARABIA
DOROHOI
BOTOSANI
SUCEAVA
JASI
NIAMTU
ROMAN
VASLUI
FALCIU
BACAU
TUTOVA
PUTNA
TECUCI
COVURLUI
RAMNICU SARAT
BUZEU
BRAILA
TULCEA
IALOMITA
ILFOV
CONSTANTA
MAREA NEAGRA
BULGARIA
13
15
41
54
14
16
18
103
52
14
42
13
9
18
21
2,3
13
3,2
8
5

RELATION
ENTRE
LA SURFACE DE CHAQUE DÉPARTEMENT
ET
CELLE DES FORÊTS DOMANIALES

DÉPARTEMENTS DANS LESQUELS LA SURFACE DES FORÊTS DOMANIALES EST :

égale ou supérieure à 25 pour cent
comprise entre 15 et 24   „
„   „   5 et 14   „
„   „   1 et 4   „

BUC
VALA
HIA

TRANSILVA

SERBIA

BULGA

GORJ
VALCEA
ARGES
24
9
13
15
11
DAMBO
MEHEDINTI
8
OLT
3
DOLJ
6
ROMANATI
3
1
TELEORMAN

Carte N°15

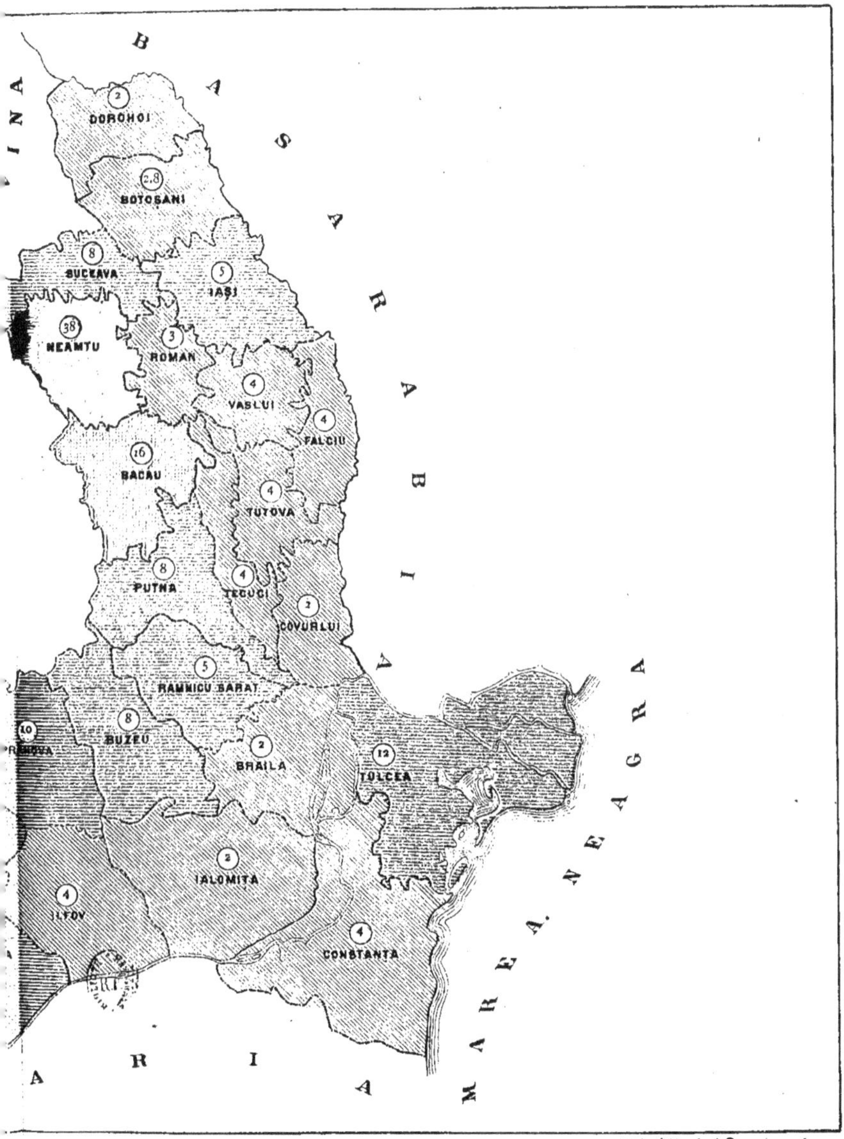

Lith. J. Naghel. Bucuresci.

RELATION

LA SURFACE DE CHAQUE DÉPARTEMENT

CELLE DES FORÊTS DES PARTICULIERS

DÉPARTEMENTS DANS LESQUELS LA SURFACE DES FORÊTS DES PARTICULIERS EST :

égale ou supérieure à 25 pour cent

comprise entre 15 et 25 „

„ „ 5 et 15 „

inférieure à 5 „

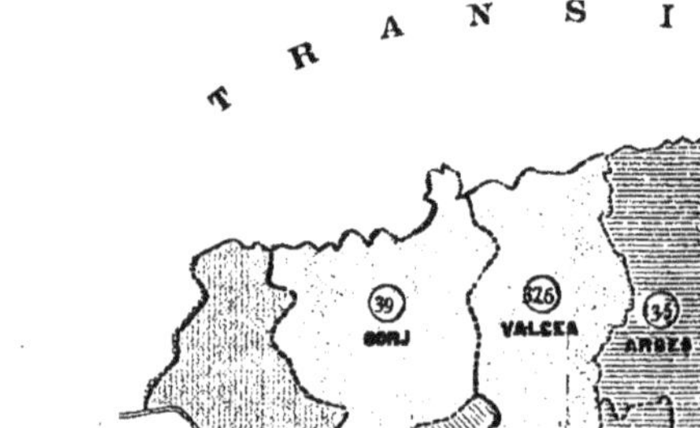

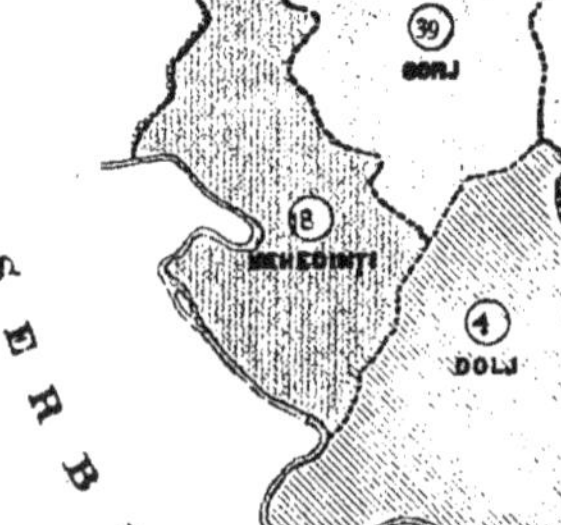

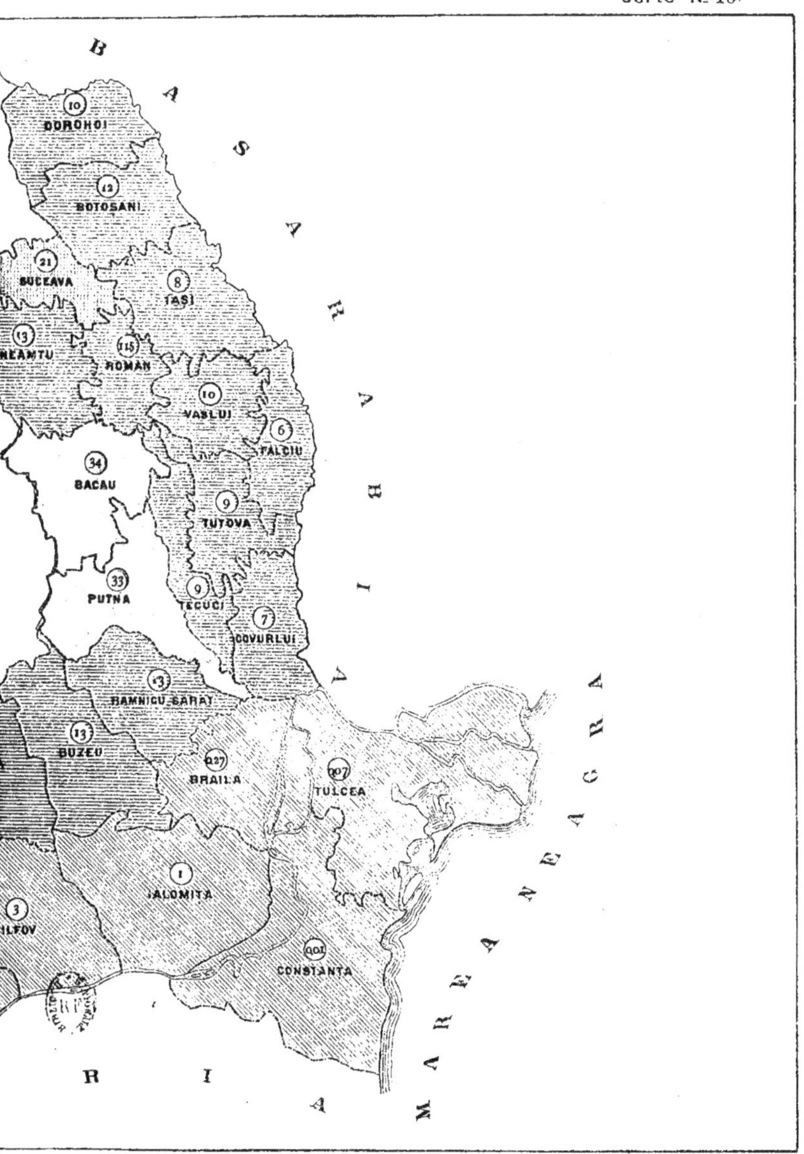

Lith. J. Naghel. Bucuresci.

RELATION
ENTRE
LA SURFACE DE CHAQUE DÉPARTEMENT
ET
CELLE DES FORÊTS SOUMISES AU RÉGIME FORESTIER

DÉPARTEMENTS DANS LESQUELS LA SURFACE DES FORÊTS SOUMISES EST :

égale ou supérieure à 50 pour cent
comprise entre 25 et 49 „
„ „ 10 et 24 „
„ „ 1 et 9 „

BUCO
TRANSILVA
SERBIA
BULG
GORJ
VALCEA
ARGES
DAMBOVITA
MEHEDINTI
DOLJ
OLT
ROMANATI
TELEORMAN
VLASCA
39
33
32
50
28
18
8
4
4
3
6

BASARABIA
DOROHOI
BOTOSANI
SUCEAVA
IASI
NEAMTU
ROMAN
VASLUI
FALCIU
BACAU
TUTOVA
PUTNA
TECUCI
COVURLUI
RAMNICU SARAT
BUZEU
BRAILA
TULCEA
IALOMITA
FOV
CONSTANTA
MAREA NEAGRA
R I A

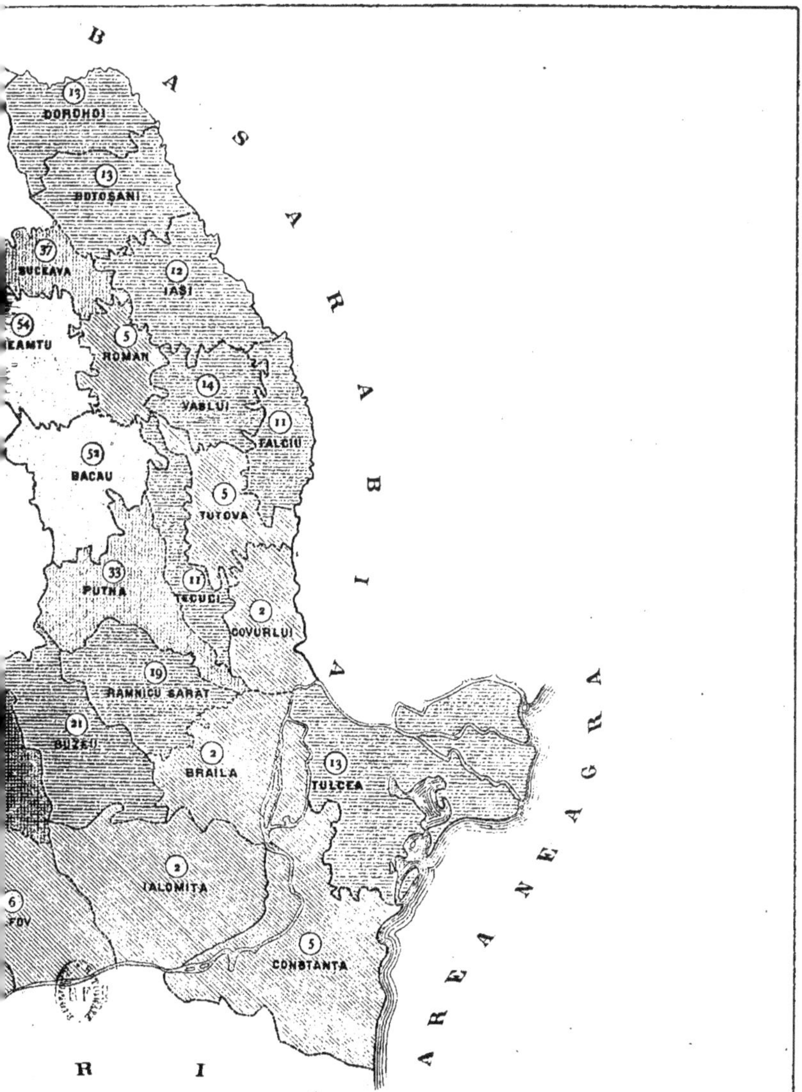

FORÊTS DÓMANIALES
FORÊTS QUI N'ONT PAS ENCORE ÉTÉ EXPLOITÉES JUSQU'EN 1898
DÉPARTEMENTS RENFERMANT :
plus de 20.000 hectares
de 10.000 à 20.000 „
de 5.000 à 10.000 „
de 1.000 à 5.000 „
moins de 1.000 „
BUCO
VINA
TRANSILVA
SERBIA
MEHEDINTI
GORJ
OLT
ROMANATI
TELEORMAN
VLASCA
BULG

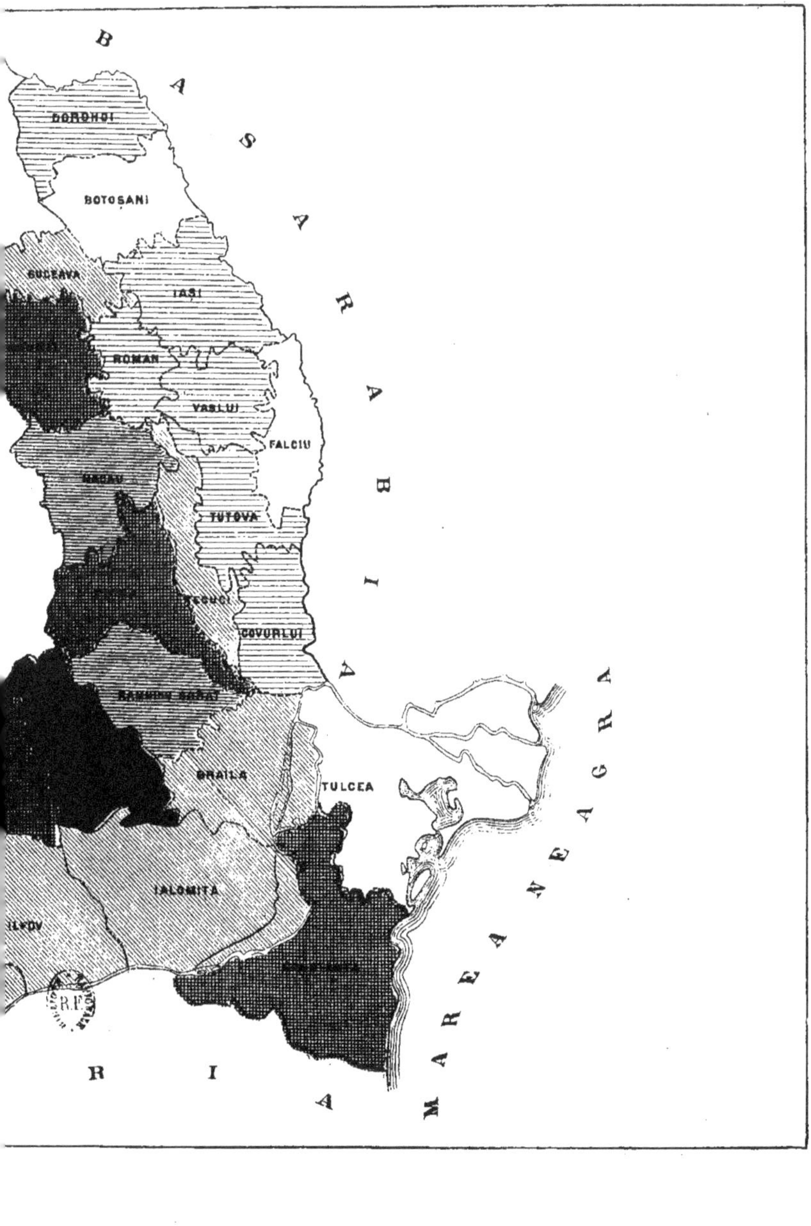

B A S A R A B I A
DOROHOI
BOTOSANI
SUCEAVA
IASI
ROMAN
VASLUI
FALCIU
BACAU
TUTOVA
TECUCI
COVURLUI
RAMNICU SARAT
BRAILA
TULCEA
IALOMITA
ILFOV
M A R E A N E A G R A
R I A

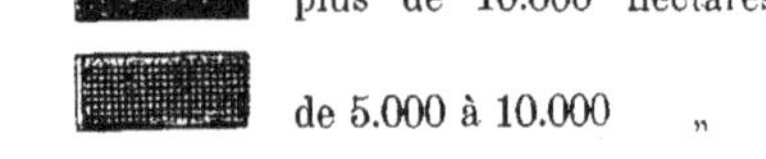

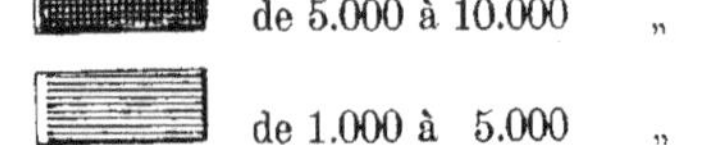
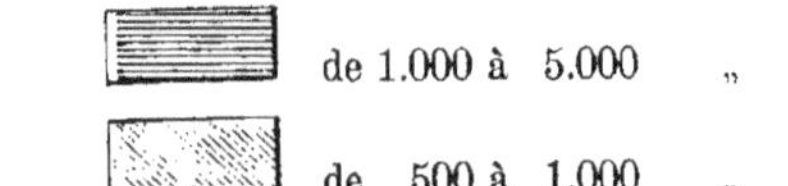
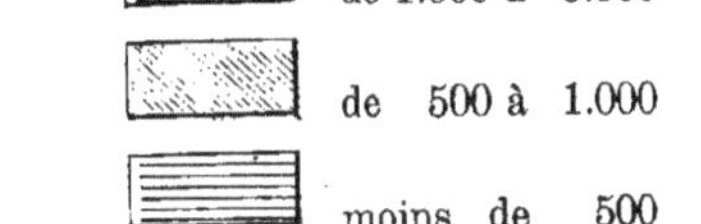
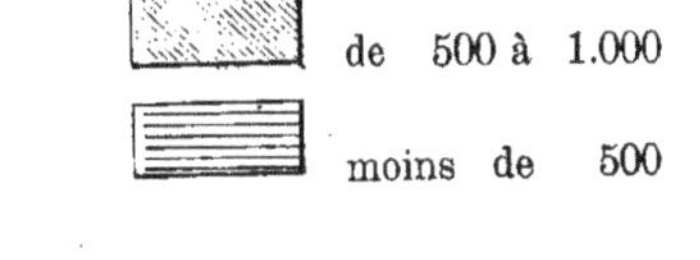
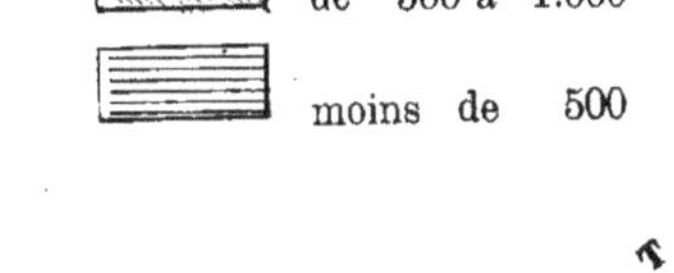

FORÊTS DOMANIALES

TAILLIS SIMPLES

DÉPARTEMENTS RENFERMANT :

plus de 10.000 hectares
de 5.000 à 10.000 „
de 1.000 à 5.000 „
de 500 à 1.000 „
moins de 500 „

TRANSILVANIA
BUCQ
SERBIA
BULG
GORJ
VALCEA
ARGES
MUSCEL
DAMBOVITA
MEHEDINTI
OLT

Carte N° 19.
BASARABIA
DOROHOI
BOTOŞANI
SUCEAVA
IAŞI
NEAMTU
ROMAN
VASLUI
FĂLCIU
BACĂU
TUTOVA
TECUCI
COVURLUI
RÂMNICU SĂRAT
BUZĂU
MAREA NEAGRA

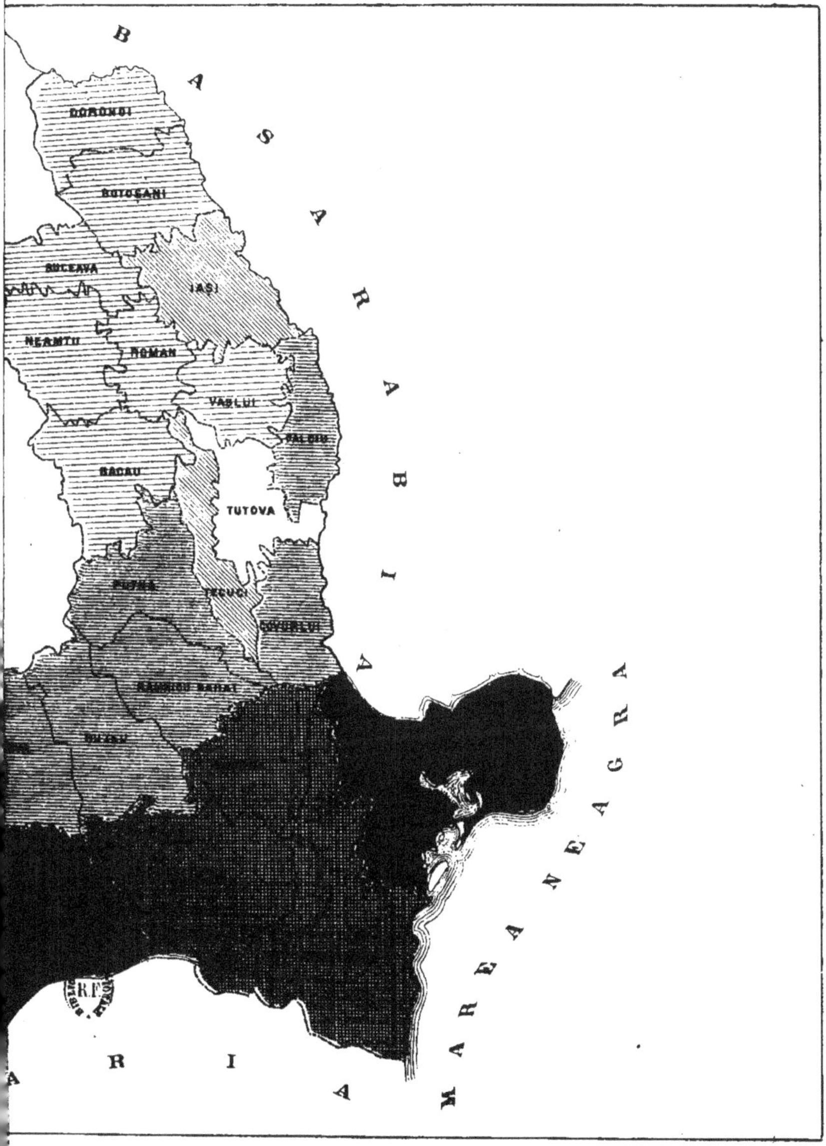

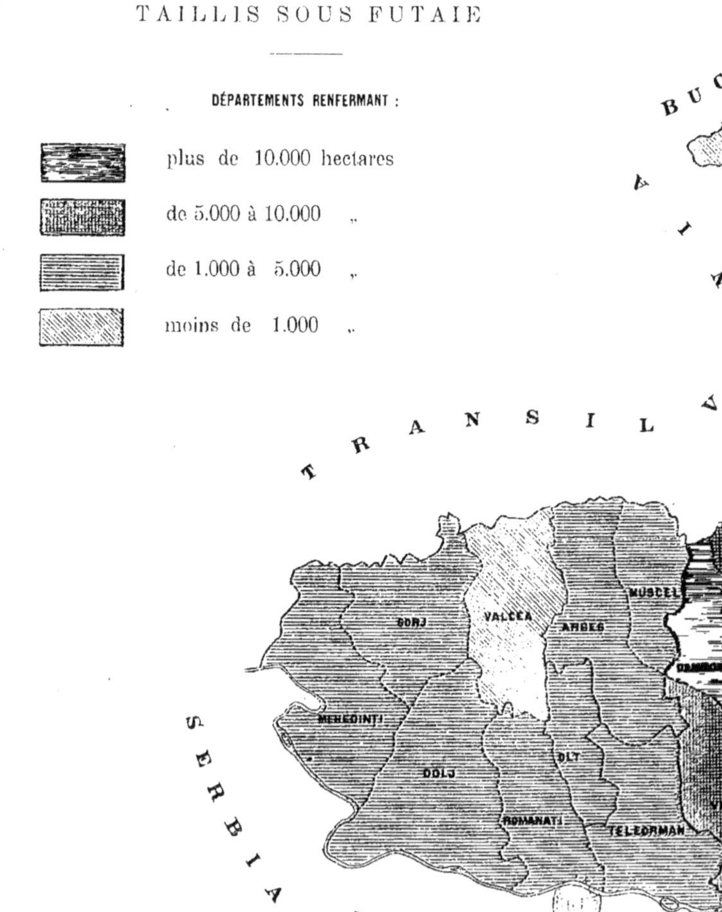

FORÊTS DOMANIALES

TAILLIS SOUS FUTAIE

DÉPARTEMENTS RENFERMANT :

plus de 10.000 hectares
de 5.000 à 10.000 „
de 1.000 à 5.000 „
moins de 1.000 „

BUC
A
I
N
TRANSILV
T
L
SERBIA
GORJ
VALCEA
ARGES
MUSCEL
DAMBOV
MEHEDINTI
DOLJ
OLT
ROMANATI
TELEORMAN
V
B
U
L
G

BASARABIA
DOROHOI
BOTOSANI
SUCEAVA
IASI
NEAMTU
ROMAN
VASLUI
FALCIU
BACAU
TUTOVA
TECUCI
COVURLUI
BRAILA
TULCEA
IALOMITA
CONSTANTA
MAREA NEAGRA
RIA

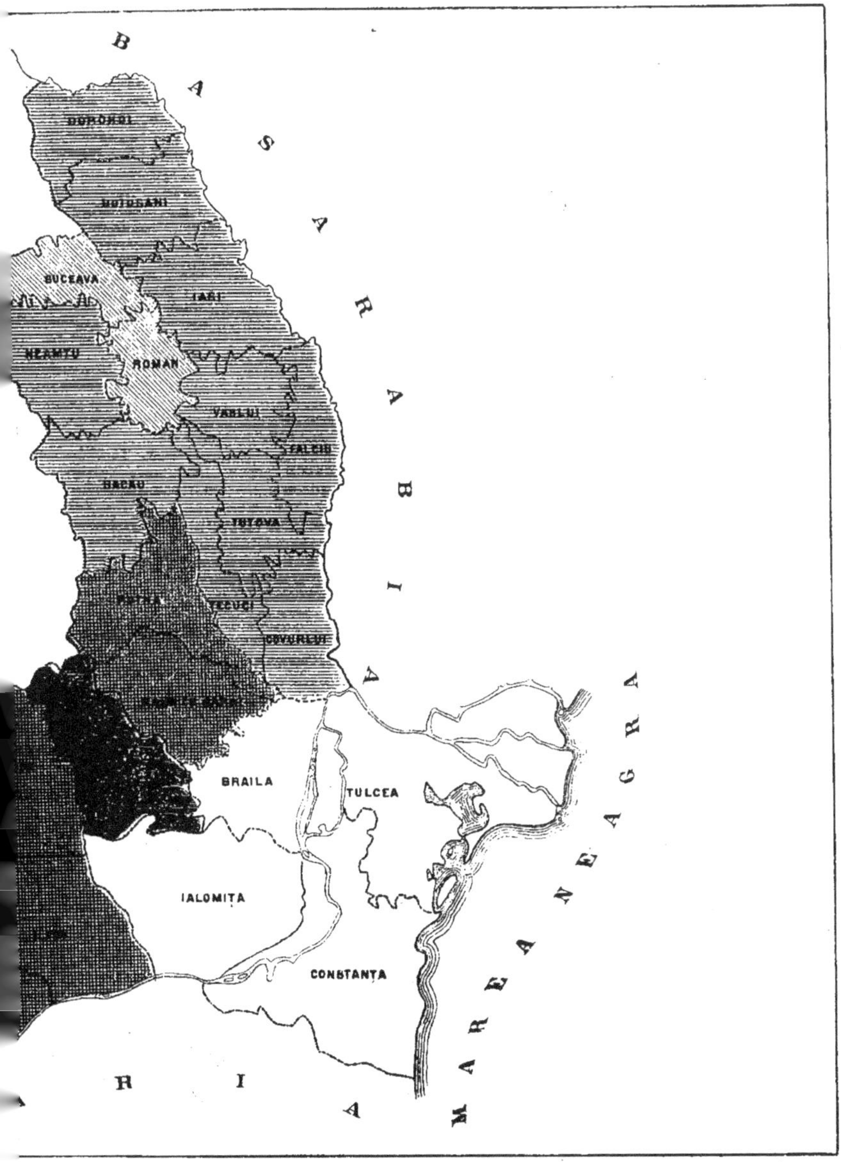

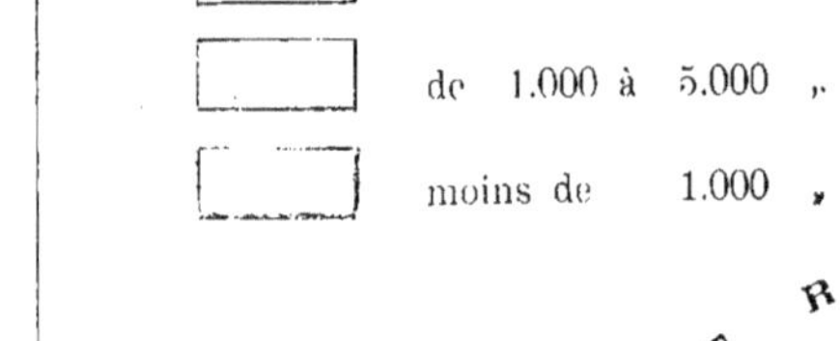

FORÊTS DOMANIALES

FUTAIES

DÉPARTEMENTS RENFERMANT

plus de 20.000   hectares
de 10.000 à 20.000   „
de 5.000 à 10.000   „
de 1.000 à 5.000   „
moins de   1.000   „

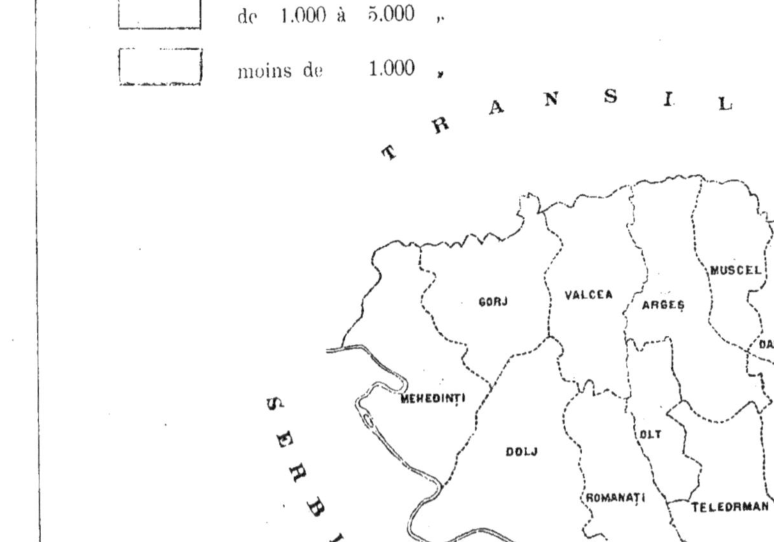

BUC
A
I
TRANSILVA
T R A N S I L L
SERBIA
MEHEDINTI
GORJ
VALCEA
ARGES
MUSCEL
DAMBOVV
OLT
DOLJ
ROMANATI
TELEDRMAN
VU
B
U
L
G

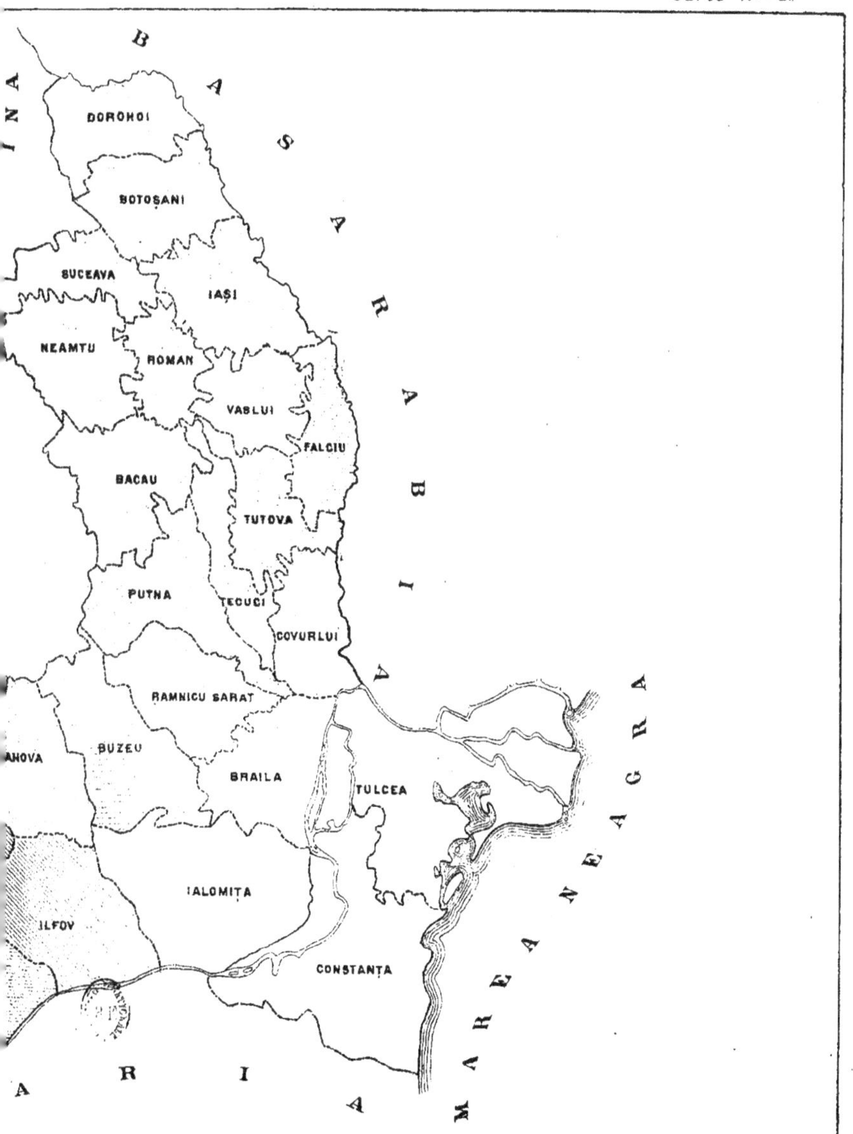

Lith. J. Naghel. Bucuresci.

FORÊTS DOMANIALES
PRODUCTION MOYENNE BRUTE EN ARGENT
PAR ANNÉE ET PAR HECTARE
AU COURS DES DIX ANNÉES 1889—1899
DÉPARTEMENTS AYANT PRODUIT
plus de 15 frcs. par hectare
de 10 à 15 „ „
de 5 à 10 „ „
de 1 à 5 „ „
moins de 1 „ „
BUCO
TRANSILVA
SERBIA
BULG
GORJ
VALCEA
ARGEȘ
MUSCEL
DAMBOVITA
MEHEDINTI
DOLJ
OLT
ROMANATI
TELEORMAN
VLAȘC

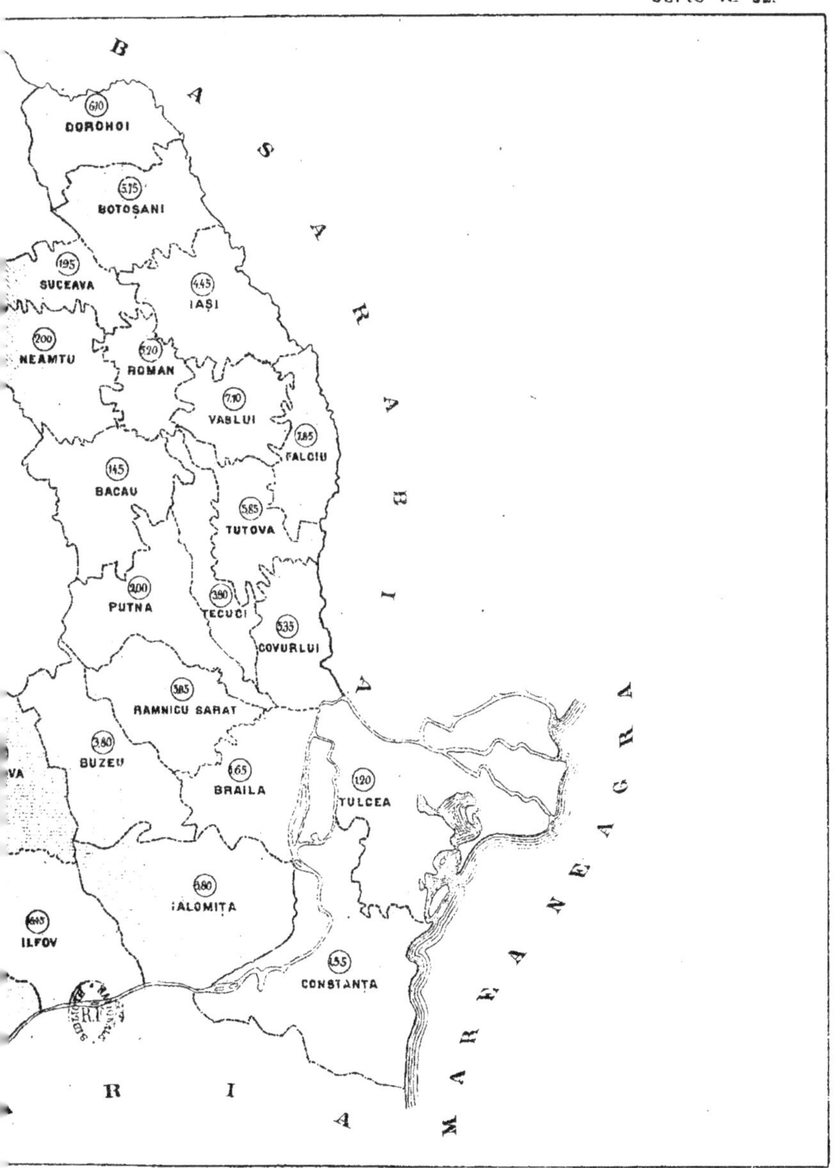

Lith. J. Naghel. Bucuresci.

RELATION
ENTRE
LA SURFACE TOTALE DES FORÊTS DOMANIALES
ET
CELLE DES FORÊTS AMÉNAGÉES
DÉPARTEMENTS DANS LESQUELS LA SURFACE DES FORÊTS AMÉNAGÉES EST :
égale ou supérieure à 20 pour cent
comprise entre 10 et 20   „
„   „   5 et 10   „
inférieure à   5   „
nulle
BUCO
TRANSILVA
SERBIA
BULG
GORJ
VALCEA
ARGES
MUSCEL
DAMBOVIT
MEHEDINTI
DOLJ
OLT
ROMANATI
TELEORMAN
VL

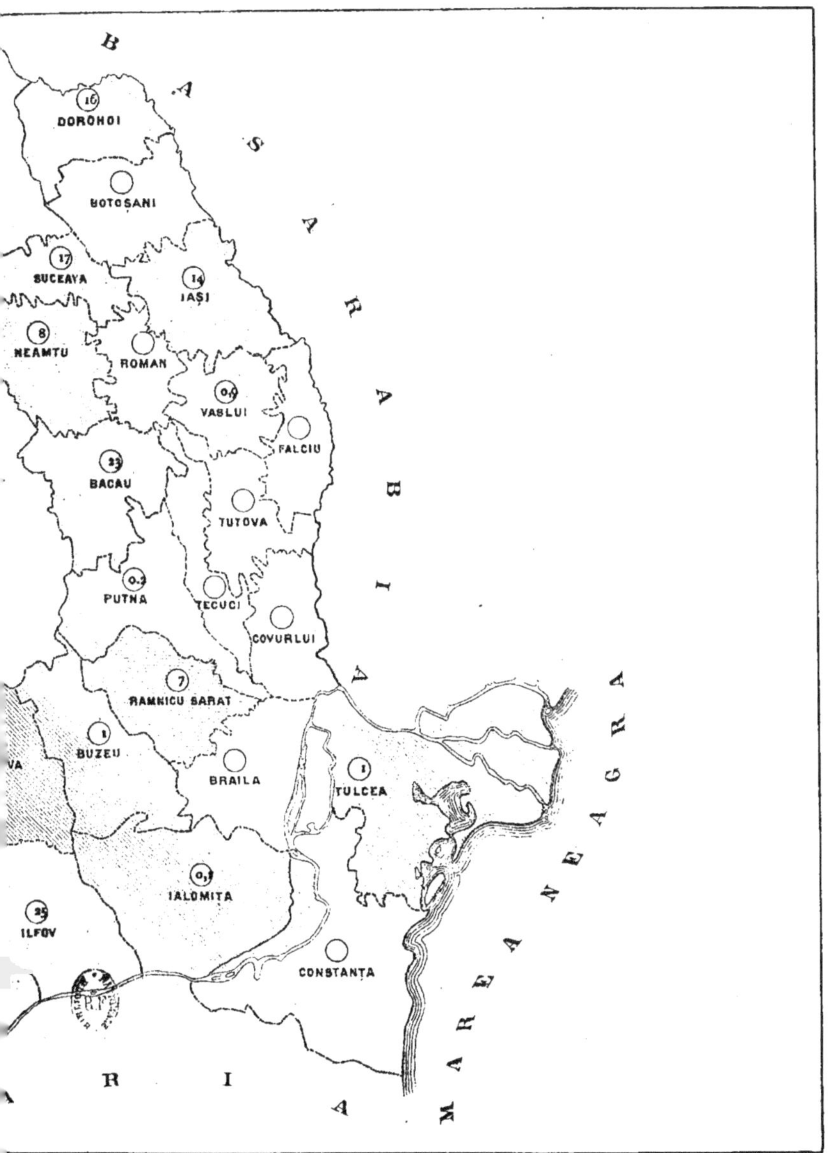
B A S A R A B I A
DOROHOI
BOTOȘANI
SUCEAVA
IAȘI
NEAMTU
ROMAN
VASLUI
FALCIU
BACAU
TUTOVA
PUTNA
TECUCI
COVURLUI
RAMNICU SARAT
BUZEU
BRAILA
TULCEA
IALOMITA
ILFOV
CONSTANȚA
MAREA NEAGRA
R I A
VA

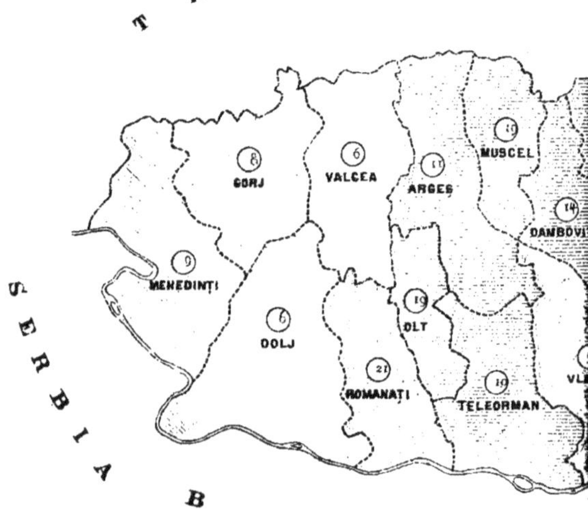
RELATION
ENTRE
LA SURFACE TOTALE DES FORÊTS
DE TOUTE NATURE SOUMISES
AU RÉGIME FORESTIER ET CELLE DES FORÊTS AMÉNAGÉES
DÉPARTEMENTS DANS LESQUELS LA SURFACE DES FORÊTS AMÉNAGÉES EST :
égale ou supérieure à 30 pour cent
comprise entre 20 et 30 „
„ „ 10 et 20 „
inférieure à 10 „
nulle
BUCOVINA
TRANSILVANIA
SERBIA
BULGARIA
GORJ
VALCEA
ARGES
MUSCEL
DAMBOVIT
MEHEDINTI
DOLJ
OLT
ROMANATI
TELEORMAN
VLA

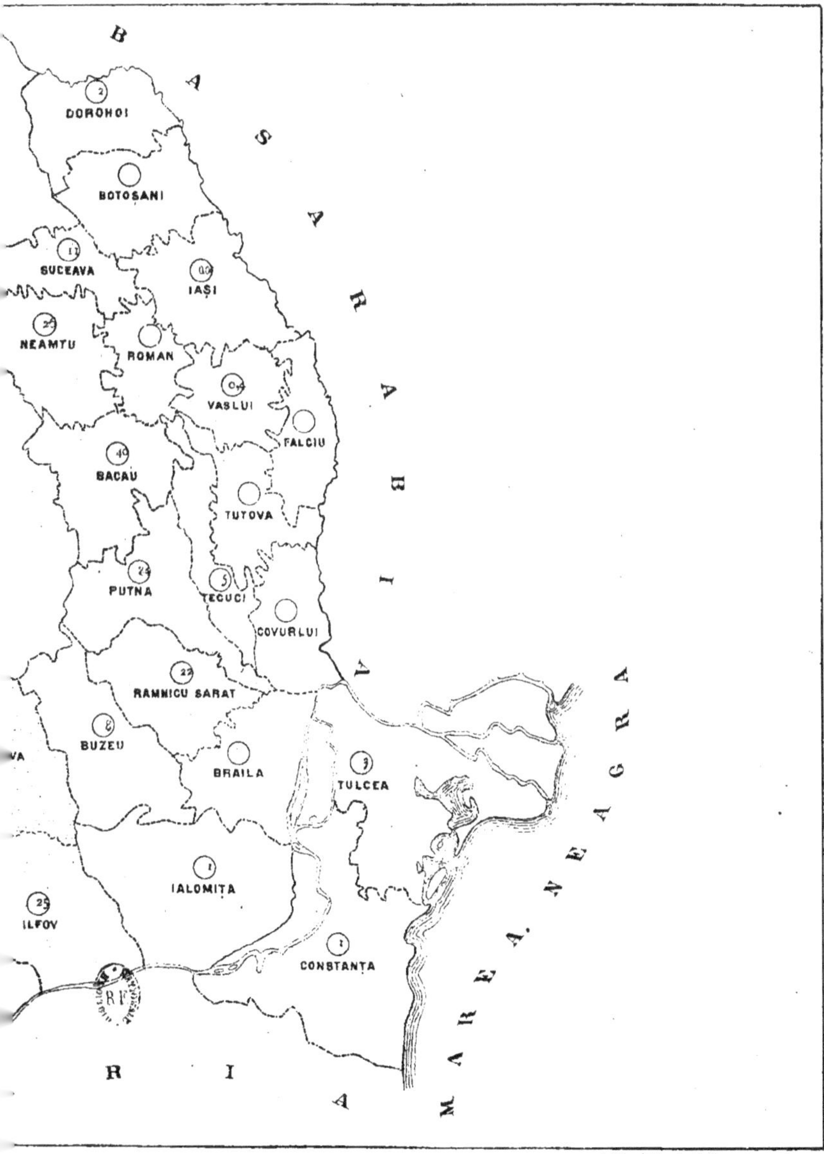

Carte N? 24.
B A S A R A B I A
DOROHOI
BOTOSANI
SUCEAVA
IASI
NEAMTU
ROMAN
VASLUI
FALCIU
BACAU
TUTOVA
PUTNA
TECUCI
COVURLUI
RAMNICU SARAT
BUZEU
BRAILA
TULCEA
IALOMITA
ILFOV
CONSTANTA
MAREA NEAGRA
R I A
Lith. J. Naghel. Bucuresci.

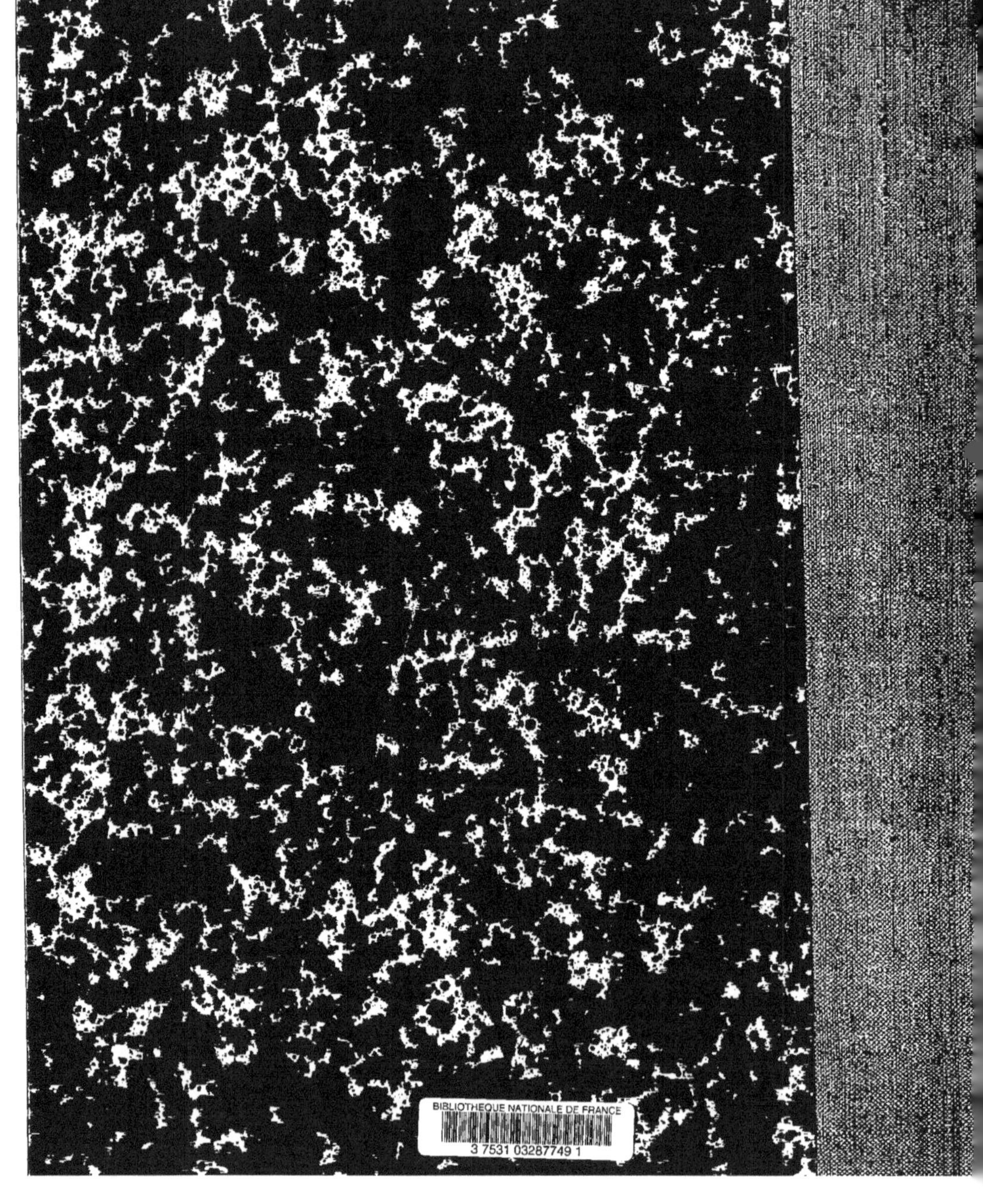